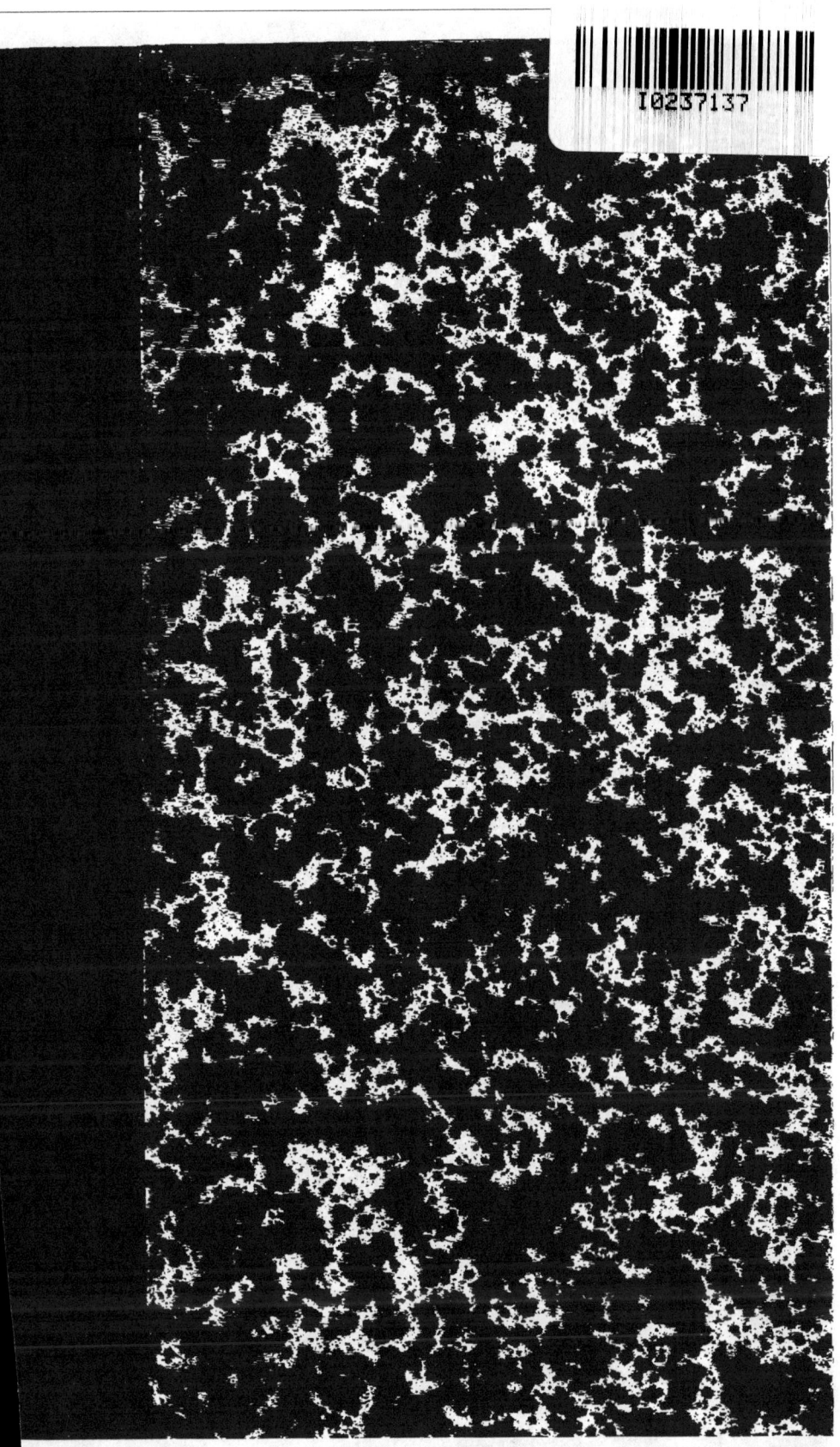

ÉLÉMENTS D'ARITHMÉTIQUE

RÉDIGÉS CONFORMÉMENT AUX PROGRAMMES
DE L'ENSEIGNEMENT SCIENTIFIQUE DES LYCÉES,

PAR

CHARLES BRIOT,

Professeur de mathématiques spéciales au lycée Saint-Louis,
répétiteur à l'École Polytechnique, maître de
Conférences à l'École Normale supérieure.

PARIS,

DEZOBRY, E. MAGDELEINE ET Cie, LIBR.-ÉDITEURS,
Rue du Cloître-Saint-Benoît, 10
(Quartier de la Sorbonne).
— 1855 —

ÉLÉMENTS
D'ARITHMÉTIQUE.

Tout exemplaire de cet ouvrage non revêtu de nos signatures sera réputé contrefait.

ON TROUVE A LA MÊME LIBRAIRIE :

LEÇONS NOUVELLES D'ARITHMÉTIQUE, par M. C. Briot, professeur de mathématiques au lycée St-Louis. 2ᵉ édition, mise en rapport avec le nouveau programme de 1852. 1 vol. in-8. Prix, br.   4 »

Ouvrage autorisé.

LEÇONS NOUVELLES DE GÉOMÉTRIE ANALYTIQUE, par MM. C. Briot, et C. Bouquet, professeur de mathématiques au lycée Bonaparte. 2ᵉ édition entièrement refondue. 1 vol. in-8, figures intercalées dans le texte. Prix, br.   7 50

Ouvrage autorisé.

LEÇONS NOUVELLES DE TRIGONOMÉTRIE, par MM. Briot et Bouquet. 2ᵉ édition entièrement refondue, mise en rapport avec le nouveau programme de 1852. 1 vol. in-8, figures intercalées dans le texte. Prix. br.   2 50

Ouvrage autorisé.

LEÇONS NOUVELLES DE COSMOGRAPHIE, d'après les programmes de 1852, par M. Garcet, professeur de mathématiques au lycée Napoléon. 1 vol. in-8, figures intercalées dans le texte et planches. Prix, br.   6 »

LEÇONS NOUVELLES DE GÉOMÉTRIE ÉLÉMENTAIRE, par M. A. Amiot, professeur de mathématiques au lycée St-Louis. 1 vol. in-8, figures intercalées dans le texte. Prix, br.   6 »

ÉLÉMENTS DE GÉOMÉTRIE, rédigés, d'après le nouveau programme de l'enseignement scientifique des lycées, par M. A. Amiot. 1 vol. in-8, figures intercalées dans le texte. Prix, br.   6 »

ÉLÉMENTS
D'ARITHMÉTIQUE

RÉDIGÉS CONFORMÉMENT AUX PROGRAMMES
DE L'ENSEIGNEMENT SCIENTIFIQUE DES LYCÉES,

PAR

CHARLES BRIOT,

Professeur de mathématiques spéciales au lycée Saint-Louis,
répétiteur à l'École Polytechnique, maître de
Conférences à l'École Normale supérieure.

PARIS,

DEZOBRY, E. MAGDELEINE ET Cie, LIBR.-ÉDITEURS,
Rue du Cloître-Saint-Benoît, 10
(Quartier de la Sorbonne).

—1855—

ÉLÉMENTS D'ARITHMÉTIQUE.

LIVRE I.

LES QUATRE OPÉRATIONS.

CHAPITRE I.

NUMÉRATION DÉCIMALE.

Définitions.

1. L'idée du *nombre* naît de la pluralité des objets considérés simultanément, ou de la répétition des phénomènes que nous observons.

Ainsi les arbres qui bordent une avenue nous donnent l'idée d'un *nombre* ; un régiment se compose d'un certain *nombre* de soldats ; la succession des jours, les battements d'une horloge forment des *nombres* de plus en plus grands.

On appelle *unité* l'objet ou le phénomène dont la répétition constitue le nombre.

On comprend aussi sous la dénomination de nombre l'unité seule, et l'on considère *un* comme le plus petit de tous les nombres.

L'*Arithmétique* est la science des nombres.

Formation des nombres.

2. Si, à côté d'un objet, on place un autre objet, on a l'idée d'un nombre que l'on nomme *deux*. Si, à côté de ces deux objets, on en place encore un autre, on a l'idée d'un nouveau nombre que l'on nomme *trois*. En continuant de la sorte on forme successivement les nombres *quatre, cinq, six, sept, huit, neuf, dix.*

Si l'on ajoute ainsi sans cesse l'unité au dernier nombre obtenu, on forme la série croissante et indéfinie des nombres.

On a donné un nom particulier à chacun des dix premiers nombres. Ces noms sont : *un, deux, trois, quatre, cinq, six, sept, huit, neuf, dix*.

On aurait pu continuer de la même manière, et donner un nom particulier à chacun des nombres suivants ; mais il eût été impossible d'apprendre cette infinité de noms. On a donc cherché un moyen de nommer tous les nombres, à l'aide d'un petit nombre de mots ; c'est le but de la numération parlée. Je vais exposer le système de numération universellement adopté, en n'employant d'abord que les mots strictement nécessaires ; puis je ferai connaître les irrégularités que l'usage a introduites.

Numération parlée.

2. Je suppose, pour fixer les idées, qu'il s'agisse de compter les noix contenues dans un sac. Je prends les noix une à une, en disant : une, deux, trois, quatre, cinq, six, sept, huit, neuf, dix ; je forme ainsi un premier monceau de dix, ou une *dizaine*. Je recommence en disant : une, deux, trois, quatre, cinq, six, sept, huit, neuf, dix ; je forme une seconde dizaine à côté de la première. Je recommence encore et je répète la même opération jusqu'à ce que j'aie vidé le sac ; j'ai alors un certain nombre de dizaines rangées sur une même ligne et quelques noix restantes. On peut représenter la disposition des choses par la figure suivante :

dans laquelle les points désignent les noix simples et les cercles des dizaines. On dit alors que le nombre des noix conte-

NUMÉRATION.

nues dans le sac est

SEPT *dizaines* et QUATRE *unités*.

Supposons qu'il y ait plus de neuf dizaines. Je réunis les dix premières dizaines en un seul monceau, que j'appelle une *centaine*; je réunis les dix suivantes pour former une autre centaine et ainsi de suite; j'ai alors un certain nombre de centaines, puis quelques dizaines et quelques noix restantes, ainsi que le représente la figure suivante, dans laquelle les points désignent les noix simples, les petits cercles les dizaines, les grands les centaines.

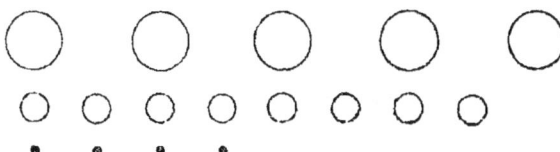

On énonce le nombre des noix en disant :

CINQ *centaines*, HUIT *dizaines*, QUATRE *unités*.

S'il y avait plus de neuf centaines, on les réunirait dix par dix, d'une manière analogue, pour en former des *mille*, et ainsi de suite.

Unités de différents ordres.

4. Notre procédé de numération consiste donc à former des collections de dix en dix fois plus grandes qui s'appellent unités de différents ordres. Dix unités simples ou du premier ordre forment une dizaine ou une unité du second ordre; dix dizaines forment une centaine ou une unité du troisième ordre; en général, dix unités d'un certain ordre forment une unité de l'ordre suivant. Le tableau suivant contient les noms des unités des différents ordres.

Premier ordre.	— *Un.*	
Deuxième ordre.	— *Dix.*	} 1re classe.
Troisième ordre.	— *Cent.*	

Quatrième ordre. — *Mille.*		
Cinquième ordre. — *Dix mille.*	}	2ᵉ classe.
Sixième ordre. — *Cent mille.*		
Septième ordre. — *Un million.*		
Huitième ordre. — *Dix millions.*	}	3ᵉ classe.
Neuvième ordre. — *Cent millions.*		
Dixième ordre. — *Un billion.*		
. . . . — *Dix billions.*	}	4ᵉ classe.
. . . . — *Cent billions.*		
. . . . — *Un trillion.*		
. . . . — *Dix trillions.*	}	5ᵉ classe.
. . . .		

On lit ce tableau en disant : *un, dix, cent, mille*. On aurait pu donner un nom nouveau à chacun des ordres suivants ; mais, afin d'éviter un trop grand nombre de mots, on a conservé pour l'unité du cinquième ordre la dénomination *dix mille* ; l'unité du sixième ordre vaut dix fois dix mille ou *cent mille* ; on a conservé également cette dernière dénomination. Quant à l'unité du septième ordre, qui vaut dix fois cent mille ou mille mille, on lui a donné un nom nouveau, *million*. Puis viennent la *dizaine de millions* et la *centaine de millions* ; l'unité suivante, qui vaut dix centaines de millions ou mille millions, a été appelée *billion* ou *milliard*.

De cette manière, les ordres ont été groupés en classes de trois en trois. Les unités simples, s'assemblant par dizaines et centaines, forment la première classe. Les mille, s'assemblent, comme les unités simples, par dizaines et centaines, et forment la seconde classe. Les millions, s'assemblant de même par dizaines et centaines, forment la troisième classe, et ainsi de suite.

On voit que, par la formation des classes, un mot nouveau seulement est nécessaire pour nommer le premier ordre de chaque classe ; les deux autres se désignent à l'aide des mots *dix* et *cent*. Je remarque aussi que les unités des classes successives sont de mille en mille fois plus grandes ; ce sont : l'*unité simple*, le *mille*, le *million*, le *billion*, le *trillion*, le *quatrillion*, le *quintillion*, etc.

On appréciera tout l'avantage de ce système de numération en observant que tous les nombres, depuis un jusqu'à un milliard exclusivement, sont nommés au moyen de treize mots seulement.

Irrégularités.

5. J'ai exposé le système de numération décimale dans sa perfection théorique, en n'employant que les mots strictement nécessaires ; je vais maintenant faire connaître les modifications que l'usage a consacrées.

1° Les nombres deux dizaines, trois dizaines, quatre dizaines, cinq dizaines, six dizaines, sept dizaines, huit dizaines, neuf dizaines, ont été nommés : *vingt, trente, quarante, cinquante, soixante, septante, octante, nonante.*

L'usage a introduit quelques irrégularités dans ces dénominations. Au lieu de septante, on dit habituellement *soixante-dix*, abréviation de soixante et dix ; au lieu d'octante, on dit *quatre-vingts*, c'est-à-dire quatre fois vingt ; au lieu de nonante, on dit *quatre-vingt-dix*, c'est-à-dire quatre-vingts plus dix.

2° Les nombres dix-un, dix-deux, dix-trois, dix-quatre, dix-cinq, dix-six, portent les noms spéciaux : *onze, douze, treize, quatorze, quinze, seize.* Au-delà commence la nomenclature régulière : dix-sept, dix-huit, dix-neuf, vingt, vingt-un, vingt-deux, vingt-trois, etc.

Exemples :

6. Quand on a disposé comme nous l'avons dit, les objets que l'on veut compter par collections de dix en dix fois plus grandes, on énonce le nombre des objets en disant combien il y a d'unités de chaque ordre (et il y en a au plus neuf), en commençant par l'ordre le plus élevé et descendant progressivement.

Le nombre SIX *dizaines* et QUATRE *unités* s'énonce SOIXANTE-QUATRE.

Le nombre CINQ *centaines*, SIX *dizaines* et QUATRE *unités* s'énonce CINQ CENT SOIXANTE-QUATRE.

Le nombre DEUX *mille*, TROIS *centaines*, CINQ *dizaines*, SEPT *unités* s'énonce DEUX *mille* TROIS CENT CINQUANTE-SEPT.

Le nombre QUATRE *dizaines de mille*, DEUX *mille*, TROIS *centaines*, CINQ *dizaines*, SEPT *unités* s'énonce QUARANTE-DEUX *mille* TROIS CENT CINQUANTE-SEPT.

Le nombre HUIT *centaines de mille*, DEUX *dizaines de mille*, TROIS *mille*, CINQ *centaines*, TROIS *dizaines*, NEUF *unités* s'énonce HUIT CENT VINGT-TROIS *mille* CINQ CENT TRENTE-NEUF.

Le nombre QUATRE *dizaines de millions*, SEPT *millions*, HUIT *centaines de mille*, SIX *dizaines de mille*, DEUX *mille*, NEUF *centaines*, TROIS *dizaines*, CINQ *unités* s'énonce QUARANTE-SEPT *millions* HUIT CENT SOIXANTE-DEUX *mille* NEUF CENT TRENTE-CINQ.

Numération écrite.

7. Nous avons appris à *nommer* les nombres ; nous allons dire maintenant comme on les *écrit*. Supposons d'abord le nombre écrit au moyen de l'écriture ordinaire. Soit, par exemple, le nombre,

QUATRE diz. de mille DEUX mille TROIS centaines CINQ dizaines SEPT unités.

Si l'on remarque que les mots UN, DEUX, TROIS, QUATRE, CINQ, SIX, SEPT, HUIT, NEUF, qui indiquent le nombre des unités de chaque ordre, se répètent sans cesse, il viendra naturellement à l'idée, afin d'abréger l'écriture, de représenter chacun de ces mots par un signe simple et facile à former. Les caractères ou chiffres que l'on a adoptés pour représenter les neuf premiers nombres sont

1 2 3 4 5 6 7 8 9.

A l'aide de ces caractères le nombre précédent s'écrit

4 diz. de mille 2 mille 3 cent. 5 diz. 7 unités.

Je remarque maintenant que le chiffre 7, qui est au premier rang à partir de la droite, représente des unités du premier ordre ; le chiffre 5, qui est au second rang, représente des dizaines, c'est-à-dire des unités du second ordre ; le chiffre 3, qui est au troisième rang, représente des centaines, c'est-à-dire des unités du troisième ordre ; le chiffre 2, qui est au quatrième rang, représente des mille, c'est-à-dire des unités du quatrième ordre ; le chiffre 4, qui est au cinquième rang, représente des dizaines de mille ou des unités du cinquième ordre. En un mot, le rang de chaque chiffre, à partir de la droite, indique l'ordre des unités qu'il représente. Il est donc inutile d'écrire le nom de l'ordre, le rang du chiffre l'indique suffisamment. De cette manière, le nombre précédent s'écrit simplement

42357.

Considérons encore le nombre

4 diz. de millions 7 millions 8 cent. de mille 6 diz. de mille 2 mille 9 cent. 3 diz. 5 unités.

Le rang de chaque chiffre, à partir de la droite, indiquant toujours l'ordre des unités, on écrira simplement

47862935.

8. Comme il arrive souvent que certains ordres d'unités manquent, on a imaginé un nouveau caractère, le chiffre 0, que l'on nomme *zéro*, et qui, n'ayant aucune valeur par lui-même, sert uniquement à remplir les places vacantes. Soit, par exemple, le nombre cinq cent sept, ou CINQ *centaines* et SEPT *unités*. Ce nombre ne contient pas de dizaine ; on mettra un zéro pour marquer la place des dizaines, et l'on écrira

507.

De cette manière le chiffre, qui représente des centaines ou des unités du troisième ordre, est toujours au troisième rang à partir de la droite. De même le nombre SIX CENT DEUX *mille* CINQ, ou SIX *centaines de mille* DEUX *mille* CINQ *unités* s'écrira

602005.

en marquant par des zéros la place des unités qui manquent.

Cette manière d'écrire les nombres repose, comme on le voit, sur deux idées : 1° Invention de neuf caractères ou chiffres servant à désigner les neuf premiers nombres ; 2° indication de l'ordre des unités par le rang qu'occupe le chiffre à partir de la droite.

On a coutume d'exprimer cette seconde convention en disant qu'un chiffre placé à la gauche d'un autre représente des unités dix fois plus grandes.

Règles.

9. De ce qui précède, on conclut les deux règles pratiques suivantes :

RÈGLE I. *Pour écrire en chiffres un nombre énoncé en langage ordinaire, on place successivement à la suite les uns des autres, en allant de gauche à droite, les chiffres qui expriment les nombres de centaines, de dizaines et d'unités de chaque classe, en commençant par la classe la plus élevée et descendant progressivement, et marquant par des zéros la place des unités qui manquent.*

RÈGLE II. *Pour énoncer en langage ordinaire un nombre écrit en chiffres, si le nombre n'a que trois chiffres au plus, on énonce successivement chaque chiffre à partir de la gauche, en indiquant immédiatement après l'ordre des unités.* Ainsi les nombres

$$38, \quad 60, \quad 837, \quad 240, \quad 601, \quad 700,$$

s'énoncent :

TRENTE-HUIT, SOIXANTE, HUIT CENT TRENTE-SEPT, DEUX CENT QUARANTE, SIX CENT UN, SEPT CENTS.

Lorsque le nombre donné a plus de trois chiffres, on l'imagine partagé en tranches de trois chiffres à partir de la droite, sauf à n'en laisser qu'un ou deux dans la dernière tranche ; puis, commençant par la gauche, on énonce suc-

NUMÉRATION. 9

cessivement chaque tranche comme si elle était seule, en indiquant après le nom de la classe.

Soit le nombre

25347.

Les trois premiers chiffres 7, 4, 3, en allant de droite à gauche, se rapportent à la classe des unités, les deux suivants à celle des mille. On dira donc : VINGT-CINQ *mille* TROIS CENT QUARANTE-SEPT.

Soit, de même, le nombre

4637521.

Les trois premiers chiffres, en allant de droite à gauche, se rapportent à la classe des unités, les trois suivants à celle des mille, le dernier à celle des millions. On dira donc : QUATRE *millions* SIX CENT TRENTE-SEPT *mille* CINQ CENT VINGT ET UN.

Soit encore le nombre

1070000304.

La classe des mille manque complétement. On dira : UN *billion* SOIXANTE-DIX *millions* TROIS CENT QUATRE.

Exercices.

1° Le professeur donnera aux élèves des sacs de graines ; les élèves disposeront les graines en collections de dix en dix fois plus grandes ; ils diront les nombres et les écriront en chiffres.

2° Lire les nombres suivants :

42, 71, 99, 152, 207, 101, 999, 200, 1267, 2075, 2060, 5000, 41274, 235628, 10020, 100000, 1050003.

L'élève dira d'abord la signification de chaque chiffre en allant de droite à gauche ; puis il lira le nombre.

3° Lire les nombre suivants :

245187236 — 4062007 — 100000400 — 3000000000 — 70541009000.

CHAPITRE I. — LIVRE I. — NUMÉRATION.

4° Écrire en chiffres les nombres suivants :

Vingt-cinq, vingt, dix, douze, octante, quatre-vingts, soixante, nonante-neuf, soixante-quinze, quatre-vingt-dix-sept, deux cent quarante-six, cent, cent un, huit cent cinquante, neuf cent neuf, mille quatre cent trente-huit, trois mille neuf cent soixante, cinq mille dix, quatre cent mille deux cents, neuf cent mille, neuf cent huit mille sept, trois millions quatre cent cinquante-deux mille neuf cent cinquante-sept, cent millions vingt mille trois, un billion vingt.

CHAPITRE II.

ADDITION.

Définition.

10. *L'addition est une opération qui a pour but de réunir plusieurs nombres en un seul.* Le résultat s'appelle *somme* ou *total*.

On a plusieurs monceaux de noix ; si on les réunit en un seul, on fait une addition. On connaît les nombres de noix que renferment les différents monceaux ; il s'agit de calculer combien de noix renferme le monceau total.

Je vais examiner différents cas, en commençant par les plus simples.

Addition de deux nombres d'un chiffre.

11. Je veux, par exemple, additionner les nombres 4 et 5. Il est évident que j'arriverai au résultat en ajoutant au nombre 5 chacune des unités qui composent le nombre 4. Je suppose une main fermée, et, partant de cinq, j'ajoute successivement l'unité, en ouvrant un doigt à chaque unité ajoutée ; quand j'aurai ouvert quatre doigts, je m'arrêterai. Partant de cinq, je dis donc : six, sept, huit, neuf ; j'ai ouvert quatre doigts, la somme est neuf.

Soit encore à ajouter 8 et 9. Je ferme les deux mains, et, partant de neuf, j'ouvre les doigts successivement en disant : dix, onze, douze, treize, quatorze, quinze, seize, dix-sept. J'ai ouvert huit doigts, je m'arrête, la somme est 17.

A force d'habitude et la mémoire aidant, on finit par dire tout d'un coup

5 et 4 font 9,
9 et 8 font 17.

et pour abréger encore, en sous-entendant le mot *font*,

$$5 \text{ et } 4\ldots\ldots 9,$$
$$9 \text{ et } 8\ldots\ldots 17.$$

On pourrait suivre ce procédé élémentaire pour faire l'addition de deux nombres quelconques, en ajoutant successivement à l'un d'eux chacune des unités qui composent l'autre ; mais l'opération deviendrait fort longue si les nombres donnés étaient considérables. Je vais indiquer le procédé au moyen duquel on abrége l'opération.

Addition d'un nombre d'un chiffre à un nombre de plusieurs chiffres.

12. Ajouter 3 à 54. Puisque trois unités ajoutées à quatre unités donnent sept unités, la somme est 57.

Ajouter 8 à 37. Huit et sept font 15 unités, c'est-à-dire cinq unités et une dizaine ; cette dizaine ajoutée aux trois dizaines donne quatre dizaines ; la somme, se composant de quatre dizaines et de cinq unités, est 45.

Par l'habitude, on dira tout d'un coup

$$54 \text{ et } 3\ldots\ldots 57,$$
$$37 \text{ et } 8\ldots\ldots 45.$$

Addition de nombres quelconques.

13. Additionner les nombres 7638, 5703, 947 et 799.

Je place les nombres proposés les uns au-dessous des autres, de manière que les unités soient sous les unités, les dizaines sous les dizaines, les centaines sous les centaines, les mille sous les mille, en un mot, de manière que les unités de même ordre soient dans une même colonne verticale.

$$\begin{array}{r} 7638 \\ 5703 \\ 947 \\ \underline{799} \\ 15087 \end{array}$$

Je trace sous le dernier nombre un trait horizontal, au-dessous duquel j'écrirai le résultat.

Pour additionner ces nombres, il suffit d'ajouter successivement les unités simples aux unités simples, les dizaines aux dizaines, les centaines aux centaines, les mille aux mille.

J'additionne donc les unités contenues dans la première colonne de droite ; je dis : 8 et 3 font 11, 11 et 7 font 18, 18 et 9 font 27. J'ai 27 unités ; ces 27 unités donnent 7 unités que j'écris au-dessous de la colonne des unités, et 2 dizaines que je reporte à la colonne des dizaines.

J'additionne les dizaines contenues dans la seconde colonne ; je dis : 2 dizaines reportées et 3 font 5, et 4 font 9, et 9 font 18. Ces 18 dizaines donnent 8 dizaines que j'écris au-dessous des dizaines, et 1 centaine que je reporte à la colonne des centaines.

J'additionne les centaines contenues dans la troisième colonne ; je dis : 1 centaine reportée et 6 font 7, et 7 font 14, et 9 font 23, et 7 font 30. Ces 30 centaines donnent 3 mille ; j'écris donc 0 sous les centaines, et je reporte 3 mille à la colonne antérieure.

J'additionne les mille : 3 mille reportés et 7 font 10, et 5 font 15. Ces 15 mille donnent 5 mille que j'écris sous les mille, et une dizaine de mille que j'écris à la gauche du 5. L'addition est terminée ; la somme cherchée est 15087. Ainsi :

RÈGLE. *Pour additionner plusieurs nombres, on les écrit les uns au-dessous des autres, de manière que les unités de même ordre soient placées dans une même colonne verticale ; on trace un trait au-dessous du dernier nombre ; puis, à partir de la droite, on fait successivement la somme des chiffres contenus dans chaque colonne verticale : si cette somme ne surpasse pas neuf, on l'écrit au-dessous telle qu'on l'a trouvée ; si elle surpasse neuf, on n'écrit au-dessous que le chiffre des unités, et on reporte les dizaines à la colonne suivante.*

Comme il importe d'opérer aussi rapidement que possible, on effectuera l'addition en disant simplement :

8 et 3....... 11 et 7....... 18 et 9....... 27 ; je pose 7, et retiens 2 et 3....... 5 et 4....... 9 et 9....... 18 ; je pose 8, et retiens 1 et 6....... 7 et 7....... 14 et 9....... 23 et 7.... 30 ; je pose 0, et retiens 3 et 7....... 10 et 5....... 15 ; je pose 15.

Remarque.

14. L'addition d'une colonne fournit généralement une retenue pour la colonne de gauche, c'est pour cela que l'on commence l'opération par la droite. Si l'on opérait au contraire en allant de gauche à droite, lorsqu'une colonne donnerait une somme plus grande que 9, on serait obligé d'effacer le chiffre précédemment écrit pour l'augmenter de la retenue de la colonne suivante. Ainsi, dans l'exemple précédent, si l'on commençait par la gauche, on dirait : 7 et 5 font 12, je pose 12 ; la colonne suivante donne pour somme 29, j'écris 9, et, comme il faut reporter les 2 dizaines, j'efface le 2 que je remplace par 4. La troisième colonne donne 16, je pose 6, et je suis obligé d'effacer non-seulement le chiffre 9 que je remplace par 0, mais encore le chiffre 4 que je remplace par 5. On voit donc combien il est utile pour la simplicité de l'opération de commencer par la droite.

Preuve.

15. On appelle preuve d'une opération une seconde opération qui sert à vérifier l'exactitude de la première. On a additionné chaque colonne verticale en allant de haut en bas ; je recommence l'opération en allant de bas en haut ; je dois retrouver le même résultat. Dans l'exemple précédent, la vérification a lieu. Cependant on ne peut affirmer d'une manière absolue l'exactitude du résultat ; car on aurait pu commettre dans les deux opérations la même erreur ; mais comme cette circonstance est tout-à-fait exceptionnelle, on regardera comme très-probable l'exactitude du résultat.

ADDITION.

Exercices.

1° Un homme a reçu d'une part 7435 francs, d'autre part 1890 francs. Combien a-t-il reçu en tout?

2° On a mélangé 150 kilogrammes de nitre avec 25 kilogrammes de charbon et 25 kilogrammes de soufre, pour faire de la poudre à canon. Combien a-t-on obtenu de poudre?

3° L'Europe contient 168 millions d'habitants, l'Asie 580 millions, l'Afrique 92 millions, l'Amérique 150 millions et l'Océanie 10 millions. Quelle est la population de toute la terre?

4° Une propriété se compose de quatre parties, un pré de 1750 ares, un champ de 937 ares, un autre champ plus grand que le premier de 120 ares, et enfin un jardin de 89 ares. Quelle est l'étendue totale de la propriété?

CHAPITRE III.

SOUSTRACTION.

Définition.

16. *La soustraction est une opération par laquelle d'un nombre donné on retranche un nombre plus petit.*

Le résultat s'appelle *reste*.

Si d'un monceau de noix on ôte un certain nombre, on fait une soustraction. La soustraction est l'opération inverse de l'addition : car l'addition consiste à *ajouter*, la soustraction à *retrancher*.

Le reste est la *différence* des deux nombres donnés. Si l'on a, par exemple, deux longueurs, l'une de 9 mètres, l'autre de 4 mètres et que de la plus grande on retranche la plus petite, le reste sera évidemment la différence des deux longueurs données.

Je vais, comme pour l'addition, considérer différents cas, en commençant par le plus simple.

Cas où le plus petit nombre n'a qu'un chiffre et où le plus grand est moindre que le plus petit augmenté de dix.

17. Soit à retrancher 4 de 9. Il est clair que j'arriverai au résultat en ôtant de 9 chacune des unités qui composent le nombre 4. Une main étant fermée, j'ôte successivement l'unité, en ouvrant un doigt à chaque unité retranchée ; quand j'aurai ouvert quatre doigts, je m'arrêterai. Partant de neuf, je dis donc : huit, sept, six, cinq ; j'ai ouvert 4 doigts, le reste est 5. Mais il est plus simple de chercher dans sa mémoire quel est le nombre qui ajouté à 4 donne 9 ; puisque

SOUSTRACTION.

4 et 5 font 9, ce nombre est 5; donc, si de 9 on retranche 4, il reste 5.

De 15 ôtez 8. Je ferme les deux mains, et, partant de 15, je retranche successivement 8 unités, en ouvrant un doigt à chaque unité retranchée, j'arrive ainsi au reste 7. On obtient immédiatement ce résultat, en cherchant quel est le nombre qui ajouté à 8 donne 15. On sait que 8 et 7 font 15; donc, si de 15 on retranche 8, il reste 7.

On pourrait effectuer une soustraction quelconque par ce procédé, en retranchant successivement du plus grand nombre donné chacune des unités qui composent le plus petit; mais comme cette opération serait très-longue, on l'abrége de la manière suivante.

Cas général.

18. De 8496 ôtez 1432. J'écris le plus petit nombre au-dessous du plus grand, de manière que les unités de même ordre soient dans une même colonne verticale; je trace un trait horizontal au-dessous duquel j'écrirai le résultat.

$$\begin{array}{r} 8496 \\ 1432 \\ \hline 7064 \end{array}$$

Je retranche successivement les unités des unités, les dizaines des dizaines, les centaines des centaines, les mille des mille. Je dis : 2 unités ôtées de 6 unités, il reste 4 unités que j'écris au-dessous de la colonne des unités; — 3 dizaines ôtées de 9 dizaines, il reste 6 dizaines que j'écris au-dessous des dizaines; — 4 centaines ôtées de 4 centaines, il ne reste rien, j'écris 0 à la colonne des centaines; — 1 mille ôté de 8 mille, il reste 7 mille que j'écris à la colonne des mille. Puisque toutes les parties du nombre inférieur ont été retranchées du nombre supérieur, la soustraction est effectuée, le reste est 7064.

Soit à retrancher 2739 de 3276.

$$\begin{array}{r} 3276 \\ 2739 \\ \hline 537 \end{array}$$

Ici se présente une difficulté : on ne peut ôter 9 unités de 6 unités. Pour éviter cet inconvénient, on s'appuie sur ce principe évident, que, quand on augmente deux nombres d'un même nombre, la différence ne change pas. Au nombre supérieur j'ajoute une dizaine ou dix unités, j'ai alors 16 unités ; 9 unités ôtées de 16 unités, il reste 7 unités. J'ai ajouté une dizaine au nombre supérieur ; pour que la différence ne change pas, j'ajoute aussi une dizaine au nombre inférieur, et je retranche 4 dizaines de 7 dizaines, il reste 3 dizaines. — Comme on ne peut ôter 7 centaines de 2 centaines, j'ajoute de même au nombre supérieur 10 centaines ou un mille, j'ai alors douze centaines ; 7 centaines ôtées de 12 centaines, il reste 5 centaines. — Pour ne pas changer la différence, j'ajoute aussi dix centaines ou un mille au nombre inférieur et je retranche 3 mille de 3 mille, il ne reste rien. Le reste cherché est donc 537.

Afin d'effectuer la soustraction aussi rapidement que possible, on dit simplement :

9 de 16..... 7 ; 4 de 7..... 3 ; 7 de 12..... 5 ; 3 de 3..... 0.

Soit encore la soustraction suivante :

$$\begin{array}{r} 340070 \\ 39096 \\ \hline 300974 \end{array}$$

On dira : 6 de 10.... 4 ; 10 de 17.... 7 ; 1 de 10.... 9 ; 10 de 10..... 0 ; 4 de 4..... 0 ; 0 de 3..... 3.

Règle. *Pour trouver la différence de deux nombres, on écrit le plus petit nombre au-dessous du plus grand, de manière que les unités de même ordre soient dans une même colonne verticale ; puis, à partir de la droite, on retranche*

SOUSTRACTION.

successivement chaque chiffre du nombre inférieur du chiffre supérieur correspondant, et l'on écrit la différence au-dessous. Lorsqu'un chiffre inférieur est plus grand que le chiffre supérieur correspondant, on ajoute dix à ce dernier, en ayant soin d'augmenter, par la pensée, d'une unité le chiffre placé immédiatement à gauche dans le nombre inférieur.

Remarque.

20. Si chacun des chiffres inférieurs était plus petit que le chiffre supérieur correspondant, il serait indifférent d'opérer de gauche à droite ou de droite à gauche ; mais comme il n'en est pas toujours ainsi, il est avantageux d'aller de droite à gauche. Si l'on allait de gauche à droite et qu'on rencontrât un chiffre inférieur plus grand que le chiffre supérieur correspondant, on serait obligé d'effacer le chiffre précédemment écrit au résultat pour le diminuer d'une unité.

Preuve.

21. Quand d'un nombre on a retranché un autre, si au reste on ajoute le nombre retranché, il est clair que l'on doit retrouver le premier nombre. Ceci donne un moyen très-simple de vérifier une soustraction ; on additionnera le nombre inférieur et le reste, et l'on verra si l'on reproduit le nombre supérieur.

Vérifions de cette manière l'une des soustractions effectuées précédemment.

$$\begin{array}{r} 3276 \\ 2739 \\ \hline 537 \end{array}$$

Sans rien écrire, on dira : 9 et 7..... 16, je pose 6 et retiens 1, et 3..... 4 et 3..... 7, je pose 7 ; 7 et 5..... 12, je pose 2 et retiens 1, et 2..... 3. On retrouve ainsi le nombre supérieur. L'opération est exacte.

Exercices.

1° Une personne part pour un voyage avec 584 francs ; à

son retour elle n'a plus que 157 francs. Combien a-t-elle dépensé ?

2° Une personne née en 1789, est morte en 1832. Quel était son âge ?

3° Un vase vide pèse 408 grammes ; plein d'alcool, il pèse 2015 grammes. Quel est le poids de l'alcool contenu dans le vase ?

4° La plus haute montagne du globe, dans l'Himalaya, en Asie, a 8588 mètres d'élévation au-dessus du niveau de la mer ; le Mont-Blanc, en Europe, a 4810 mètres d'élévation. De combien la première montagne surpasse-t-elle la seconde ?

5° Le rayon qui va du centre de la terre au pôle est de 6356324 mètres ; celui qui va à l'équateur est plus grand, il est de 6376984 mètres. Calculez la différence, ou l'aplatissement de la terre à chaque pôle.

6° La terre, dans son mouvement annuel autour du soleil, n'est pas toujours à la même distance du soleil ; la plus grande distance est de 35183000 lieues, la plus petite de 34017200 lieues. Quelle est la différence ?

CHAPITRE IV.

MULTIPLICATION.

Définition.

22. *La multiplication consiste à répéter un nombre nommé* MULTIPLICANDE *autant de fois qu'il y a d'unités dans un autre nombre nommé* MULTIPLICATEUR. Le résultat s'appelle PRODUIT.

Ainsi, multiplier 9 par 5, c'est répéter le nombre 9 cinq fois. 9 est le *multiplicande* ou le nombre que l'on multiplie; 5 est le *multiplicateur*, ou le nombre qui indique combien de fois il faut répéter le multiplicande.

Si l'on a plusieurs monceaux renfermant chacun le même nombre de noix, et si on les réunit en un seul, on fait une multiplication. Le monceau total est le *produit* de la multiplication.

La multiplication, comme on le voit, n'est autre chose que l'addition de plusieurs nombres égaux entre eux. Pour multiplier 9 par 5, j'écris donc le nombre 9 cinq fois,

$$\begin{array}{r} 9 \\ 9 \\ 9 \\ 9 \\ 9 \\ \hline 45 \end{array}$$

et j'additionne; j'obtiens le produit 45.

Mais, si les nombres étaient plus grands, s'il s'agissait, par exemple, de multiplier 258 par 36, l'addition deviendrait très-longue, car il faudrait écrire 36 fois le multiplicande. Je vais expliquer comment on parvient à simplifier l'opération.

Table de multiplication.

23. Il est nécessaire de savoir d'abord par cœur les produits que l'on obtient en multipliant les neuf premiers nombres les uns par les autres deux à deux ; tous ces produits sont réunis dans la table suivante, dont on attribue l'invention à Pythagore.

1	2	3	4	5	6	7	8	9
2	4	6	8	10	12	14	16	18
3	6	9	12	15	18	21	24	27
4	8	12	16	20	24	28	32	36
5	10	15	20	25	30	35	40	45
6	12	18	24	30	36	42	48	54
7	14	21	28	35	42	49	56	63
8	16	24	32	40	48	56	64	72
9	18	27	36	45	54	63	72	81

Voici comment on forme cette table :

J'écris sur une même ligne horizontale les 9 premiers nombres. J'ajoute chacun de ces nombres à lui-même, en disant : 1 et 1 font 2, 2 et 2 font 4, 3 et 3... 6, 4 et 4... 8, 5 et 5... 10, 6 et 6... 12, 7 et 7... 14, 8 et 8... 16, 9 et 9... 18, et j'écris les résultats dans une seconde ligne horizontale au-dessous de la première. Cette seconde ligne renferme,

MULTIPLICATION.

comme on le voit, les premiers nombres répétés deux fois, c'est-à-dire les produits des neuf premiers nombres par 2.

A la seconde ligne j'ajoute la première en disant : 2 et 1... 3, 4 et 2... 6, 6 et 3... 9, etc.; et j'écris les résultats dans une troisième ligne horizontale. A deux fois chacun des neuf premiers nombres j'ai ajouté une fois ces mêmes nombres, j'ai ainsi trois fois ces nombres; la troisième ligne contient donc les produits des 9 premiers nombres par 3.

A la troisième ligne j'ajoute la première, en disant : 3 et 1... 4, 6 et 2... 8, 9 et 3... 12, etc., et j'écris les résultats dans une quatrième ligne horizontale. A trois fois chacun des neuf premiers nombres j'ai ajouté une fois ces mêmes nombres, j'ai ainsi quatre fois ces nombres ou leurs produits par 4.

On continuera de la sorte à ajouter aux nombres de la dernière ligne obtenue les nombres correspondants de la première, jusqu'à ce qu'on soit arrivé aux produits des neuf premiers nombres par 9. Alors on s'arrêtera; la table est complète, elle renferme tous les produits que l'on obtient en multipliant les neuf premiers nombres les uns par les autres deux à deux.

Les nombres contenus dans une même colonne verticale sont les produits du nombre placé en tête de cette colonne par chacun des neuf premiers nombres; les nombres contenus dans une même ligne horizontale sont les produits des neuf premiers nombres par le nombre placé en avant. Si donc on veut trouver dans la table un produit, le produit de 7 par 3, par exemple, on regardera la ligne verticale qui commence par 7 et la ligne horizontale qui commence par 3; le nombre 21, placé au point où se croisent les deux lignes, est le produit cherché.

Par analogie, on dit qu'on multiplie un nombre par l'unité quand on écrit ce nombre lui-même; de cette manière, la première colonne horizontale contient les produits des neuf premiers nombres par l'unité.

Il est nécessaire d'apprendre par cœur la table de multiplication ; on l'énonce ainsi :

2 fois 1.....2, 2 fois 2..... 4, 2 fois 3.....6, ...2 fois 9.....18.
3 fois 1.....3, 3 fois 2..... 6, 3 fois 3.....9, ...3 fois 9.....27.
. . . .
. . . .
9 fois 1.....9, 9 fois 2....18, 9 fois 3....27, ...9 fois 9.....81.

Multiplication d'un nombre de plusieurs chiffres par un nombre d'un chiffre.

24. Soit à multiplier 497 par 6. L'opération consiste à répéter le multiplicande six fois ; je répèterai six fois les unités, puis les dizaines, puis les centaines. J'écris le multiplicateur au-dessous du multiplicande,

$$\begin{array}{r} 497 \\ 6 \\ \hline 2982 \end{array}$$

et je souligne. Je dis : six fois 7 unités font 42 unités, j'écris 2 unités sous la colonne des unités, et je retiens 4 dizaines ; six fois 9 dizaines font 54 dizaines, et 4 dizaines retenues font 58 dizaines, j'écris 8 dizaines sous la colonne des dizaines et je retiens 5 centaines ; six fois 4 centaines font 24 centaines et 5 centaines retenues font 29 centaines, j'écris 9 centaines et 2 mille. Le produit est 2982.

On effectuera rapidement l'opération en disant : 6 fois 7.... 42, je pose 2 et retiens 4 ; 6 fois 9.... 54 et 4.... 58, je pose 8 et retiens 5 ; 6 fois 4.... 24 et 5.... 29, je pose 29. Le produit est 2982.

On commence l'opération par la droite à cause des retenues ; la raison en est la même que pour l'addition.

Multiplication de deux nombres quelconques.

25. Soit à multiplier 5637 par 258. J'écris le multiplicateur au-dessous du multiplicande, et je trace un trait horizontal.

MULTIPLICATION.

$$\begin{array}{r} 5637 \\ 258 \\ \hline 45096 \\ 281850 \\ 1127400 \\ \hline 1454346 \end{array}$$

Multiplier 5637 par 258, c'est répéter le multiplicande 258 fois, ou bien, c'est le répéter 8 fois, plus 50 fois, plus 200 fois.

Je répète d'abord le multiplicande 8 fois ; j'ai le premier produit partiel 45096 que j'écris sous le trait horizontal.

Je répète maintenant le multiplicande 50 fois. Mais 50, c'est 5 fois *dix*. On répètera donc le multiplicande 50 fois, en le répétant d'abord *dix* fois et répétant ensuite le résultat 5 fois. Pour répéter le multiplicande dix fois, c'est-à-dire pour le rendre dix fois plus grand, il suffit de mettre un zéro à sa droite, ce qui donne 56370 ; en effet, le chiffre 7, qui exprimait des unités, exprime maintenant des dizaines ; le chiffre 3, qui exprimait des dizaines, exprime maintenant des centaines, etc. Chaque partie du nombre est donc devenue dix fois plus grande, et par conséquent le nombre lui-même est devenu dix fois plus grand. Il faut ensuite répéter ce nombre cinq fois, c'est-à-dire le multiplier par 5 ; on a ainsi le second produit partiel 281850 que l'on écrit au-dessous du premier.

Je répète enfin le multiplicande 200 fois. Mais 200, c'est 2 fois *cent*. On répètera donc le multiplicande 200 fois, en le répétant d'abord *cent* fois, et répétant ensuite le résultat 2 fois. Pour répéter le multiplicande cent fois, c'est-à-dire pour le rendre cent fois plus grand, il suffit de mettre deux zéros à sa droite, ce qui donne 563700 ; en effet, en mettant un premier zéro, on rend le nombre dix fois plus grand ; en en mettant un second, on le rend encore dix fois plus grand ; le nombre devient donc dix fois dix fois ou cent fois plus grand. Il faut ensuite répéter deux fois le nombre 563700, ce qui donne le troisième produit partiel 1127400, que l'on écrit au-dessous du second.

Ayant obtenu les trois produits partiels, on les additionne, et l'on trouve ainsi le produit demandé 1454346.

26. On obtient le premier produit partiel en multipliant le multiplicande par le premier chiffre 8 du multiplicateur. On obtiendra évidemment le second en multipliant le multiplicande par 5, ce qui donne 28185 et mettant un zéro à la droite ; mais on peut se dispenser d'écrire ce zéro, en plaçant ce nombre 28185 de manière que son premier chiffre 5 se trouve dans la colonne des dizaines. On obtiendra de même le troisième produit partiel en multipliant par 2, ce qui donne 11274 et mettant deux zéros à la droite ; mais on se dispensera d'écrire les zéros en plaçant ce nombre 11274 de manière que son premier chiffre 4 soit dans la colonne des centaines.

L'opération est disposée de la manière suivante :

$$
\begin{array}{r}
5637 \\
258 \\
\hline
45096 \\
28185 \\
11274 \\
\hline
1454346
\end{array}
$$

On opère en disant : 8 fois 7..... 56, je pose 6 (dans la colonne des unités) et retiens 5 ; 8 fois 3..... 24 et 5..... 29, je pose 9 et retiens 2 ; 8 fois 6..... 48 et 2..... 50, je pose 0 et retiens 5 ; 8 fois 5..... 40 et 5..... 45 ; je pose 45.

5 fois 7..... 35, je pose 5 (dans la colonne des dizaines), et retiens 3 ; 5 fois 3..... 15 et 3..... 18, je pose 8 et retiens 1 ; 5 fois 6..... 30 et 1..... 31, je pose 1 et retiens 3 ; 5 fois 5..... 25 et 3..... 28, je pose 28.

2 fois 7..... 14, je pose 4 (dans la colonne des centaines)

et retiens 1 ; 2 fois 3..... 6 et 1..... 7, je pose 7; 2 fois 6..... 12, je pose 2 et retiens 1 ; 2 fois 5..... 10 et 1..... 11, je pose 11.

J'additionne : le produit demandé est 1454346.

Nous pouvons maintenant formuler la règle générale de la multiplication.

Règle. *Pour multiplier deux nombres quelconques, on écrit le multiplicateur sous le multiplicande ; on souligne ; puis on multiplie le multiplicande successivement par chacun des chiffres du multiplicateur, en ayant soin d'écrire le premier chiffre de chaque produit partiel sous le chiffre du multiplicateur qui l'a fourni. Ensuite on additionne les produits partiels.*

27. J'applique cette règle à l'exemple suivant :

$$\begin{array}{r} 470946 \\ 3050070 \\ \hline 3296622 \\ 2354730 \\ 1412838 \\ \hline 1436418266220 \end{array}$$

Il n'y a pas à s'occuper des zéros qui se trouvent au multiplicateur; on multipliera d'abord par 7, puis par 5 et par 3, en ayant soin d'écrire le premier chiffre de chaque produit partiel sous le chiffre du multiplicateur qui l'a fourni. On dira donc : 7 fois 6..... 42, je pose 2 (sous le chiffre 7) et retiens 4 ; 7 fois 4..... 28 et 4.... 32, je pose 2 et retiens 3, etc. — 5 fois 6..... 30, je pose 0 (sous le chiffre 5) et retiens 3 ; 5 fois 4... 20 et 3..... etc. — 3 fois 6..... 18, je pose 8 (sous le chiffre 3), et retiens 1, etc.

Quand on effectue un produit partiel, il y a avantage, à cause des retenues, à aller de droite à gauche dans le multiplicande. Mais on peut prendre les chiffres du multiplicateur dans un ordre quelconque ; cependant, pour plus de régularité, on s'avance aussi de droite à gauche dans le multiplicateur.

Remarque.

28. Il est clair que si l'on augmente le multiplicande sans changer le multiplicateur, le produit augmente; car en répétant un même nombre de fois un nombre plus grand, on doit trouver un résultat plus grand. Si, par exemple, on rend le multiplicande deux fois plus grand, comme on répète le même nombre de fois un nombre deux fois plus grand, le produit devient aussi deux fois plus grand. De même, quand on diminue le multiplicande, le produit diminue; si le multiplicande devient deux ou trois fois plus petit, le produit devient lui-même deux ou trois fois plus petit.

La même chose a lieu quand on change le multiplicateur sans changer le multiplicande. Si l'on augmente le multiplicateur, on répète un plus grand nombre de fois un même nombre, ce qui donne un résultat plus grand. Si, par exemple, le multiplicateur devient deux fois plus grand, comme on répète le même nombre deux fois plus, on a un produit deux fois plus grand.

Ainsi le produit de 21 par 4 est trois fois plus grand que celui de 7 par 4. — Le produit de 7 par 12 est aussi trois fois plus grand que celui de 7 par 4.

Des signes abréviatifs.

29. On a imaginé des signes abréviatifs pour indiquer les opérations de l'arithmétique. Le signe $+$ signifie *plus*, le signe $-$ signifie *moins*, le signe $\times$ *multiplié par*. Ainsi

$$5 \text{ plus } 3 \text{ s'écrit} \qquad 5 + 3,$$
$$5 \text{ moins } 3 \qquad\qquad 5 - 3,$$
$$5 \text{ multiplié par } 3 \qquad 5 \times 3.$$

Le signe $=$, que l'on prononce *égale*, indique l'égalité de deux nombres. Ainsi on écrira

MULTIPLICATION.

$$5 \times 3 = 8,$$
$$5 - 3 = 2,$$
$$5 \times 3 = 15;$$

prononcez : 5 plus 3 égale 8; 5 moins 3 égale 2; 5 multiplié par 3 égale 15.

L'expression

$$5 \times 4 \times 3 \times 7$$

indique qu'il faut multiplier 5 par 4, ce qui donne 20 ; qu'il faut multiplier ensuite 20 par 3, ce qui donne 60; et enfin 60 par 7, ce qui donne 420. Les nombres 5, 4, 3, 7, qui, dans cette suite de multiplications, servent à former le produit final, s'appellent les *facteurs* du produit.

LE PRODUIT DE PLUSIEURS NOMBRES ENTIERS NE CHANGE PAS, QUAND ON INTERVERTIT L'ORDRE DES FACTEURS.

30. Considérons d'abord un produit de deux facteurs 5×3. Pour figurer ce produit, écrivons 5 unités sur une même ligne horizontale et répétons 3 fois cette ligne.

$$\begin{array}{ccccc} 1 & 1 & 1 & 1 & 1 \\ 1 & 1 & 1 & 1 & 1 \\ 1 & 1 & 1 & 1 & 1 \end{array}$$

Puisque chaque ligne horizontale contient 5 unités, et qu'il y a 3 lignes semblables, le nombre total des unités contenues dans le tableau égale 5 répété trois fois, c'est-à-dire 5×3. D'autre part, on peut compter par colonnes verticales; chacune d'elles contient 3 unités; il y a 5 colonnes semblables; donc le nombre total des unités contenues dans le tableau égale 3 répété 5 fois, c'est-à-dire 3×5. Ainsi le même nombre, évalué d'une façon ou de l'autre, donne 5×3 ou 3×5. Il en résulte que les deux produits 5×3 ou 3×5 sont égaux entre eux ; ainsi le produit de deux facteurs ne change pas quand on intervertit l'ordre des facteurs.

31. Soit un produit de trois facteurs $5 \times 4 \times 3$. Écrivons le nombre 5 quatre fois sur une même ligne horizontale, et répétons cette ligne 3 fois.

$$5 \quad 5 \quad 5 \quad 5$$
$$5 \quad 5 \quad 5 \quad 5$$
$$5 \quad 5 \quad 5 \quad 5$$

Chaque ligne horizontale, se composant du nombre 5 répété 4 fois, vaut 5×4; comme il y a 3 lignes, on a en tout $5 \times 4 \times 3$. D'autre part, chaque colonne verticale, se composant du nombre 5 répété trois fois, vaut 5×3; comme il y a 4 colonnes, on a en tout $5 \times 3 \times 4$. Ainsi le même tableau, évalué d'une façon ou de l'autre, donne $5 \times 4 \times 3$ ou $5 \times 3 \times 4$. Il en résulte que le produit de trois facteurs ne change pas quand on intervertit l'ordre des deux derniers.

32. Considérons maintenant un produit d'un nombre quelconque de facteurs

$$5 \times 4 \times 3 \times 7 \times 2$$

Je vais démontrer que l'on peut intervertir deux facteurs consécutifs quelconques. On peut d'abord intervertir les deux premiers; car le produit 5×4 ou 4×5 de ces deux premiers facteurs restant le même, comme on le multiplie ensuite par les mêmes facteurs 3, 7, 2, on arrivera évidemment au même produit final. On peut de même intervertir le second et le troisième; car le produit $5 \times 4 \times 3$ ou $5 \times 3 \times 4$ de ces trois premiers facteurs restant le même, comme on le multiplie ensuite par les mêmes facteurs 7 et 2, le produit final ne sera pas changé.

Regardons comme effectué le produit des deux premiers facteurs 5×4, ce qui donne

$$20 \times 3 \times 7 \times 2;$$

puisqu'on peut intervertir les deux facteurs 3 et 7, qui occupent alors le second et le troisième rang, on pourra les intervertir aussi dans l'expression proposée.

MULTIPLICATION.

De même, si on suppose effectué le produit des trois premiers facteurs, ce qui donne

$$60 \times 7 \times 2,$$

on voit que l'on peut intervertir l'ordre des deux derniers.

Une fois que l'on a établi le changement de deux facteurs consécutifs quelconques, il est aisé de voir que l'on peut disposer les facteurs dans tel ordre qu'on voudra. On veut, par exemple, amener le facteur 2 au premier rang ; on le fera d'abord passer au quatrième rang, en changeant l'ordre des deux derniers facteurs ; on le fera ensuite passer au troisième rang, en changeant l'ordre du troisième et du quatrième facteur, et ainsi de suite. Puisque l'on amène chaque facteur à une place quelconque, il est clair que l'on peut disposer les facteurs dans tel ordre que l'on veut sans changer la valeur du produit.

POUR MULTIPLIER UN NOMBRE PAR UN PRODUIT DE PLUSIEURS FACTEURS, IL SUFFIT DE MULTIPLIER SUCCESSIVEMENT PAR LES FACTEURS DE CE PRODUIT.

33. On veut, par exemple, multiplier 5 par le nombre 12 qui est le produit des deux facteurs 4 et 3 ; ceci revient à multiplier 5 par 4 et le résultat par 3. En effet, si l'on répète le nombre 5 quatre fois, et si l'on répète ensuite le résultat trois fois, il est clair qu'on aura répété le nombre 5 trois fois quatre fois, c'est-à-dire 12 fois. Ainsi, au lieu de dire douze fois 5 font 60, on pourra dire : 4 fois 5 font 20, 3 fois 20 font 60.

Supposons maintenant que l'on veuille multiplier 5 par le nombre 24, qui est le produit des trois facteurs 4, 3, 2 ; ceci revient à multiplier d'abord par 4, puis par 3 et enfin par 2. En effet, si l'on répète d'abord le nombre 5 quatre fois et le résultat trois fois, on l'aura répété 12 fois, comme nous l'avons dit ; si l'on répète ensuite le résultat 2 fois, on aura répété le nombre 5 deux fois douze fois, c'est-à-dire 24 fois. Ainsi au lieu de dire 24 fois 5, on dira : 4 fois 5 font 20, 3 fois 20 font 60, 2 fois 60 font 120 ; donc 24 fois 5 font 120.

On peut aussi démontrer cette vérité de la manière suivante : Considérons le produit

$$5 \times 4 \times 3 ;$$

en changeant l'ordre des facteurs, ce qui est permis, on écrira

$$4 \times 3 \times 5 ;$$

si l'on effectue le produit des deux premiers facteurs, on aura 12×5 ou 5×12 ; donc

$$5 \times 4 \times 3 = 5 \times 12.$$

On voit par là que l'on multiplie un nombre par 12, en le multipliant successivement par 4 et par 3.

Considérons encore le produit

$$5 \times 4 \times 3 \times 2.$$

En changeant l'ordre des facteurs, on l'écrira

$$4 \times 3 \times 2 \times 5 ;$$

si l'on effectue le produit des trois premiers facteurs, on aura 24×5 ou 5×24. Donc

$$5 \times 4 \times 3 \times 2 = 5 \times 24.$$

On voit par là que l'on multiplie un nombre par un produit de trois facteurs en le multipliant successivement par chacun d'eux.

Remarques.

34. En général, dans un produit de facteurs, on peut grouper plusieurs facteurs à volonté. D'abord, si les facteurs que l'on veut combiner sont au commencement, comme l'expression elle-même indique qu'il faut les multiplier, on pourra effectuer cette multiplication et remplacer ainsi ces facteurs par leur produit. Si les facteurs ne sont pas au commencement, on supposera qu'ils y soient amenés, et on les remplacera par leur produit ; ce produit pourra être mis ensuite à un rang quelconque.

Ces combinaisons de facteurs abrègent singulièrement les calculs ; on demande, par exemple, la valeur du produit

$$25 \times 9 \times 5 \times 7 \times 2 \times 4.$$

Si l'on effectuait les multiplications dans l'ordre indiqué, le calcul serait très-long ; mais je remarque que 2 fois 5 font 10, que 4 fois 25 font 100 ; je groupe donc les facteurs 2 et 5, 4 et 25, 7 et 9, l'expression proposée se réduit à

$$63 \times 10 \times 100 = 63000.$$

Réciproquement, on peut décomposer un facteur en plusieurs autres plus simples. Soit le produit

$$35 \times 15 \times 8 \times 50 ;$$

je remplace 35 par 7×5, 15 par 3×5, 8 par $2 \times 2 \times 2$, 50 par 5×10, j'ai

$$5 \times 7 \times 3 \times 5 \times 2 \times 2 \times 2 \times 5 \times 10.$$

Si l'on groupe ensuite chaque facteur 5 avec un facteur 2, le produit se réduit à

$$10 \times 10 \times 10 \times 10 \times 21 = 210000.$$

35. Lorsque les facteurs d'un produit sont terminés par des zéros, on supprime ces zéros dans le calcul, puis on ajoute à la droite du produit autant de zéros qu'on en a supprimé dans les différents facteurs. Soit, par exemple,

$$246000 \times 4700.$$

En remplaçant 246000 par 246×1000 et 4700 par 47×100, on a $246 \times 47 \times 100000 = 1156200000$.

Il suffit de multiplier 246 par 47 et d'ajouter cinq zéros à la droite du produit.

Preuve.

36. On sait que le produit ne change pas quand on change l'ordre des facteurs. Quand on aura effectué une multiplication, si l'on veut vérifier les calculs, on recommencera l'opération en prenant pour multiplicande le nombre qui servait précédemment de multiplicateur et réciproquement ; on devra retrouver le même résultat.

EXERCICES.

1° Combien coûtent 6 mètres de drap à 25 francs le mètre ?

Il faut répéter six fois le prix du mètre ; c'est une multiplication dans laquelle 25 est le multiplicande, 6 le multiplicateur.

Réponse : 150 francs.

2° Un employé reçoit 247 francs par mois. Quel est son traitement annuel ?

Le traitement de l'année est égal à 12 fois le traitement d'un mois ; il faut donc multiplier 247 par 12.

Réponse : 2964 francs.

3° Une locomotive parcourt 13 lieues par heure. Quelle distance parcourra-t-elle en 7 heures ?

Il est clair qu'elle parcourt en 7 heures une distance 7 fois plus grande que celle qu'elle parcourt en une heure ; il faut multiplier 13 par 7.

Réponse : 91 lieues.

4° On sait que le son parcourt 340 mètres par seconde. Le bruit du tonnerre a été entendu 17 secondes après l'apparition de l'éclair. On demande à quelle distance est situé le nuage orageux ?

On néglige le temps qu'emploie la lumière produite par l'éclair pour venir du nuage jusqu'à l'œil de l'observateur, temps qui est extrêmement petit. La distance cherchée est le chemin que parcourt le son en 17 secondes ; il faut multiplier 340 par 17.

Réponse : 5780 mètres.

5° On sait qu'il y a 24 heures dans un jour, 60 minutes dans une heure, 60 secondes dans une minute. On demande combien il y a de minutes et de secondes dans un jour ?

Réponse : 1440 minutes ou 86400 secondes.

6° Combien y a-t-il de secondes dans 8 heures 42 minutes 56 secondes ?

MULTIPLICATION. 35

On réduira d'abord les heures en minutes, 8 heures valent 8 fois 60 minutes ou 480 minutes; ajoutant les 42 minutes, on a 522 minutes. On réduira ensuite ces minutes en secondes de la même manière, et et on ajoutera les 56 secondes, ce qui donne 31376 secondes.

7° Une roue d'une usine fait 4 tours par seconde. On demande combien de tours elle fait en 8 heures 42 minutes 56 secondes?

En réduisant le temps en secondes, comme on l'a dit, on trouve 31376 secondes; il faut ensuite multiplier 4 tours par 31376; mais ici il est plus simple de multiplier 31376 par 4.

Réponse : 125504 tours.

8° Une fontaine donne 15 litres d'eau par minute. Combien en donne-t-elle par jour?

Réponse : 21600 litres.

9° La circonférence a été partagée en 360 degrés, le degré en 60 minutes, la minute en 60 secondes. Combien la circonférence contient-elle de minutes et de secondes?

Réponse : 21600 minutes ou 1296000 secondes.

10° La circonférence de la terre contient 360 degrés; chaque degré vaut 25 lieues communes ou 20 lieues marines. On demande combien il y a de lieues de l'une et l'autre espèce dans le tour de la terre?

Réponse : 9000 lieues communes ou 7200 lieues marines.

11° Le soleil est 1384500 fois plus gros que la terre, tandis que la lune est 80 fois plus petite que la terre. Combien de fois le soleil est-il plus gros que la lune?

Réponse : 110760000 fois.

12° Le rayon du globe terrestre est de 1432 lieues de 25 au degré; la distance du soleil à la terre est de 24000 rayons terrestres. Quelle est la distance de la terre au soleil?

Réponse : 34000000 lieues environ.

13° La lumière parcourt 70000 lieues par seconde. A quelle distance de la terre serait situé un astre dont la lumière mettrait un jour pour venir jusqu'à nous?

Réponse : 6048000000 lieues.

CHAPITRE V.

DIVISION.

Définition.

37. *La division a pour but de chercher combien de fois un nombre nommé* DIVISEUR *est contenu dans un autre nombre nommé* DIVIDENDE. Le résultat s'appelle QUOTIENT.

Ainsi, diviser 28 par 7, c'est chercher combien de fois 7 est contenu dans 28. Il est clair que la division revient à une série de soustractions successives ; car si du dividende on retranche le diviseur autant de fois qu'il est possible, on trouvera le quotient. Du dividende 28 je retranche le diviseur 7 une première fois, il reste 21 ; je le retranche une seconde fois, il reste 14 ; une troisième fois, il reste 7 ; enfin une quatrième fois, il ne reste plus rien. Ainsi le diviseur 7 est contenu 4 fois exactement dans le dividende 28 ; le quotient cherché est 4.

$$
\begin{array}{r}
28 \\
7 \\
\hline
21 \\
7 \\
\hline
14 \\
7 \\
\hline
7 \\
7 \\
\hline
0
\end{array}
$$

DIVISION.

Mais le diviseur n'est pas toujours contenu exactement dans le dividende; dans ce cas le dividende contient le diviseur un certain nombre de fois, plus un reste plus petit que le diviseur. Soit à diviser 31 par 7 ; de 31 je retranche 7 une première fois, il reste 24 ; une seconde fois, il reste 17 ; une troisième fois, il reste 10 ; une quatrième fois, il reste 3. Ainsi le diviseur est contenu 4 fois dans le dividende, et il y a un reste 3.

$$\begin{array}{r} 31 \\ 7 \\ \hline 24 \\ 7 \\ \hline 17 \\ 7 \\ \hline 10 \\ 7 \\ \hline 3 \end{array}$$

Nous avons effectué la division par des soustractions successives ; mais, si le diviseur était contenu dans le dividende un grand nombre de fois, ce moyen deviendrait extrêmement long ; il importe donc de chercher un procédé plus rapide ; je vais indiquer ce procédé en commençant par les cas les plus simples.

Cas où le diviseur n'a qu'un chiffre, le dividende étant moindre que le diviseur.

38. Ce cas n'offre aucune difficulté ; sachant par cœur la table de multiplication, on verra de suite combien de fois le diviseur est contenu dans le dividende.

Soit à diviser 28 par 7. On sait que 4 fois 7 font 28 ; donc 28 contient 7 quatre fois ; le quotient est 4.

Diviser 31 par 7. On sait que 4 fois 7 font 28, et que 5 fois 7 font 35. Donc le dividende 31 contient 7 quatre fois et il y a un reste 3.

Et même, on dira immédiatement :
20 contient 5. . . . . . . 4 fois,
63 contient 7. . . . . . . 9 fois,
32 contient 6. . . . . . . 5 fois, plus un reste 2,
77 contient 8. . . . . . . 9 fois, plus un reste 5.

Cas où le diviseur a plusieurs chiffres, le dividende étant moindre que dix fois le diviseur.

39. Soit à diviser 2963 par 485.

$$\begin{array}{r|l} 2963 & 485 \\ 2910 & 6 \\ \hline 53 & \end{array}$$

Le dividende étant plus petit que 4850, ou que dix fois le diviseur, le quotient n'a qu'un chiffre. Il s'agit de trouver combien de fois le diviseur est contenu dans le dividende. Le diviseur se compose de 4 centaines et en outre de dizaines et d'unités; négligeons d'abord ces deux derniers chiffres et cherchons combien de fois les 4 centaines du diviseur sont contenues dans le dividende. Il suffit pour cela de chercher combien de fois les 4 centaines du diviseur sont contenues dans les 29 centaines du dividende, c'est-à-dire combien de fois 4 est contenu dans 29. Or 29 contient 4 sept fois; le dividende contient donc 7 fois le nombre 400; il contiendra au plus 7 fois le diviseur proposé 485, qui est plus grand que 400; mais il est possible qu'il ne le contienne pas ce nombre de fois. On essaiera donc 7; pour cela on multipliera le diviseur par 7 et on verra si le produit est contenu dans le dividende : sept fois 485 font 3395, nombre plus grand que le dividende; donc le diviseur n'est pas contenu 7 fois dans le dividende. On essaiera 6; six fois 485 font 2910, nombre contenu dans dans le dividende. Ainsi le dividende contient 6 fois le diviseur, plus un reste 53.

Soit encore à diviser 32845 par 6789.

$$\begin{array}{r|l} 32845 & 6789 \\ 27156 & \overline{4} \\ \hline 5689 & \end{array}$$

Réduisons le diviseur à son premier chiffre de gauche 6, et cherchons combien de fois les 6 mille du diviseur sont contenus dans le dividende; il suffit pour cela de chercher combien de fois les 6 mille du diviseur sont contenus dans les 32 mille du dividende, c'est-à-dire combien de fois 6 est contenu dans 32. Or, 32 contient 6 cinq fois; le dividende contient donc 5 fois le nombre 6000; il contiendra au plus 5 fois le nombre plus grand 6789; mais il est possible qu'il ne le contienne pas ce nombre de fois. Essayons 5; cinq fois 6789 font 33945, nombre plus grand que le dividende; donc le diviseur n'est pas contenu 5 fois dans le dividende; essayons 4; quatre fois 6789 font 27156, nombre contenu dans le dividende. Ainsi le dividende contient 4 fois le diviseur, plus un reste 5689 moindre que le diviseur.

De ce que nous venons de dire, on conclut la règle suivante:

RÈGLE I. *Pour faire la division lorsque le diviseur est plus petit que dix fois le dividende, on cherche combien de fois le chiffre des plus hautes unités du diviseur est contenu dans la partie de même ordre du dividende et l'on essaie le chiffre ainsi obtenu; si le produit du diviseur par ce chiffre est contenu dans le dividende, ce chiffre est bon; sinon, on essaie le chiffre inférieur d'une unité, et on continue les essais jusqu'à ce qu'on trouve un produit contenu dans le dividende.*

40. Dans la pratique, avec un peu d'habitude, on parvient à effectuer très-rapidement les essais. Reprenons la division de 2963 par 485. Les 4 centaines du diviseur sont contenues 7 fois dans les 29 centaines du dividende; mais on voit de suite que ce chiffre 7 est trop fort, parce que 7 fois les 8

dizaines du quotient font 56 dizaines, ce qui donne une retenue de 5 centaines, qui, ajoutées à 7 fois les 4 centaines du diviseur ou à 28 centaines, font 33 centaines, nombre plus grand que le dividende. On essaiera le chiffre 6 qui est bon.

De même dans la division de 32845 par 6789. Les 6 mille du diviseur sont contenus 5 fois dans les 32 mille du dividende; mais on voit de suite que ce chiffre 5 est trop fort, parce que 5 fois 7 centaines donnent 3 mille qui, ajoutés à 5 fois 6 ou 30 mille, font 33 mille, nombre plus grand que le dividende. On essaiera le chiffre 4, qui est bon.

Prenons encore quelques exemples. Soit à diviser 16784 par 2945. Les 2 mille du diviseur sont contenus 8 fois dans les 16 mille du dividende, mais le chiffre 8 est trop fort, parce que 8 fois les 2 mille de diviseur font déjà 16 mille et que 8 fois les 9 centaines donnent encore des mille ; le chiffre 7 est aussi trop fort, parce que 7 fois 9 centaines font 63 centaines, ce qui donne 6 mille, qui, ajoutés à 7 fois 2 ou 14 mille, font 20 mille; 6 est encore trop fort, parce que 6 fois 9 centaines donnent 5 mille qui, ajoutés à 6 fois 2 ou 12, font 17 mille. On essaiera le chiffre 5; cinq fois le diviseur font 14725, nombre contenu dans le dividende. Le chiffre 5 est bon; le dividende contient 5 fois le diviseur, plus un reste 2059 moindre que le diviseur.

Soit à diviser 14325 par 1936. Le mille du diviseur est contenu 14 fois dans les 14 mille du dividende. Mais cette première opération n'apprend rien; car le dividende étant moindre que 19360 ou que dix fois le diviseur, on sait que le quotient ne peut surpasser 9. On essaiera donc immédiatement 9; ce chiffre est trop fort, parce que 9 fois 9 centaines donnent 8 mille qui, ajoutés à 9 mille, font 17 mille ; le chiffre 8 est aussi trop fort, parce que 8 fois 9 centaines donnent 7 mille, qui, ajoutés à 8 mille, font 15 mille. On essaiera 7; sept fois le diviseur font 13552, nombre contenu dans le dividende; le chiffre 7 est bon; le dividende contient 7 fois le diviseur, plus un reste 773, moindre que le diviseur.

DIVISION.   41

Division de deux nombres quelconques.

41. Soit à diviser 1739845 par 738.

```
1739845 | 738
1476    |──────
─────   | 2357
 263845
 2214
 ─────
  42445
  3690
  ─────
   5545
   5100
   ─────
    379
```

1..... 738
2..... 1476
3..... 2214
4..... 2952
5..... 3690
6..... 4428
7..... 5166
8..... 5904
9..... 6642

Pour faciliter le raisonnement, je forme d'abord un tableau renfermant les produits du diviseur par les neuf premiers nombres, et j'observe que ce tableau peut être calculé par additions successives comme la table de multiplication ; en ajoutant 738 à 738, on a deux fois le diviseur, soit 1476 ; en ajoutant 738 à ce nombre, on a trois fois le diviseur, soit 2214 ; en ajoutant 738 à ce dernier nombre, on a 4 fois le diviseur, etc.

Ce tableau étant formé, je sépare sur la gauche du dividende autant de chiffres qu'il en faut pour avoir un nombre contenant le diviseur au moins une fois, mais ne le contenant pas dix fois. Comme les trois premiers chiffres donnent ici un nombre 173 fois plus petit que le diviseur, je prends un chiffre de plus, ce qui fait 1739. Ce nombre 1739, séparé sur la gauche du dividende, exprime des mille. Je cherche combien de fois ce nombre 1739 contient le diviseur ; à l'inspection du petit tableau dont nous avons parlé, on voit de suite qu'il le contient 2 fois. Puisque le diviseur est contenu deux fois dans le nombre 1739, il est contenu 2 mille fois dans le nombre 1739 mille, qui est mille fois plus grand, et par conséquent dans le dividende proposé; j'écris donc 2 mille au quotient.

Je retranche du dividende 2 mille fois le diviseur. Deux fois le diviseur font 1476; deux mille fois le diviseur font 1476 mille; si l'on retranche ces 1476 mille des 1739 mille du dividende, il reste 263 mille, et si l'on retranche du dividende lui-même, il reste 263845.

Je cherche maintenant combien de fois ce reste 263845 contient encore le diviseur. Pour cela je considère le nombre 263845 comme un second dividende, sur lequel je raisonne comme sur le dividende proposé. Je sépare sur la gauche de ce nombre les 2638 centaines, et je cherche combien de fois le diviseur est contenu dans le nombre séparé 2638; à l'inspection du tableau, on voit qu'il y est contenu 3 fois. Puisque le diviseur est contenu 3 fois dans le nombre 2638, il est contenu 3 cents fois dans le nombre 2638 centaines, qui est cent fois plus grand, et par conséquent dans le second dividende. J'écris donc 3 centaines au quotient.

Je retranche du second dividende 3 cents fois le diviseur; trois fois le diviseur font 2214; trois cents fois le diviseur font 2214 centaines que je retranche des 2638 centaines du second dividende, il reste 424 centaines. Si l'on retranche du second dividende lui-même, il reste 42445.

Je cherche combien de fois ce nouveau reste 42445 contient encore le diviseur. Pour cela je considère le nombre 42445 comme un troisième dividende, sur lequel je raisonne comme sur les précédents. Je sépare sur la gauche de ce nombre les 4244 dizaines, et je cherche combien de fois le diviseur est contenu dans le nombre séparé 4244; il y est contenu 5 fois. Puisque le diviseur est contenu 5 fois dans le nombre 4244, il est contenu cinquante fois dans le nombre 4244 dizaines, qui est dix fois plus grand, et par conséquent dans le troisième dividende; j'écris donc 5 dizaines au quotient.

Je retranche du troisième dividende cinquante fois le divi-

DIVISION.

seur. Cinq fois le diviseur font 3690 ; cinquante fois font 3690 dizaines, que je retranche des 4244 dizaines du troisième dividende, il reste 554 dizaines. Si l'on retranche du troisième dividende lui-même, il reste 5545.

Je cherche enfin combien de fois le diviseur est contenu dans ce reste 5545, que l'on considère comme un quatrième dividende. Il y est contenu 7 fois ; j'écris donc 7 unités au quotient.

Nous voici arrivés à un reste 379 fois plus petit que le diviseur ; la division est terminée. Ainsi le diviseur est contenu dans le dividende proposé 2000 fois, plus 300 fois, plus 50 fois, plus 7 fois ; il est donc contenu en tout 2357 fois ; le quotient cherché est 2357.

42. On voit que la méthode consiste à chercher combien de mille fois le divissur est contenu dans les 1739 mille du dividende ; combien de centaines de fois dans les 2638 centaines du reste ; combien de dizaines de fois dans les 4244 dizaines du second reste, et enfin combien de fois dans le troisième reste 5545. On obtient ainsi successivement le chiffre des mille du quotient, celui des centaines, des dizaines et des unités.

Les nombres 1739, 2638, 4244, 5545 qui, divisés par le diviseur, donnent les chiffres successifs du quotient, s'appellent *dividendes partiels*. Comme il est inutile dans l'opération de considérer les dividendes complets, on n'écrira que les dividendes partiels.

```
1739845 | 738
1476    | 2357
─────
 2638
 2214
 ─────
  4244
  3690
  ─────
   5545
   5166
   ─────
    379
```

Dans la pratique, on se dispense ordinairement de former d'avance le tableau des produits du diviseur par les neuf premiers nombres, et l'on effectue les divisions partielles par le procédé que nous avons indiqué précédemment (n° 39). Après avoir séparé sur la gauche du dividende quatre chiffres pour former le premier dividende partiel 1739, je cherche combien de fois le diviseur est contenu dans ce premier dividende partiel. Les 7 centaines du diviseur sont contenues 2 fois dans les 17 centaines ; j'essaie 2. Pour cela, je multiplie le diviseur par 2 et j'écris le produit 1476 sous le premier dividende partiel ; le chiffre 2 est bon ; je l'écris au quotient.

Je retranche 1476 de 1739. On remarque que si à la droite du reste 263, on abaisse le chiffre suivant 8 du dividende proposé, on forme le second dividende partiel 2638. Je cherche combien de fois le diviseur est contenu dans ce second dividende partiel ; 7 est contenu 3 fois dans 26 ; j'essaie 3 ; pour cela je multiplie le diviseur par 3 et j'écris le produit 2214 sous le second dividende partiel ; le chiffre 3 est bon, je l'écris au quotient.

Je retranche 2214 de 2638. Si à la droite du reste 424 on abaisse le chiffre suivant 4 du dividende proposé, on forme le troisième dividende partiel 4244. Je cherche combien de fois le diviseur est contenu dans le troisième dividende partiel ; 7 est contenu 6 fois dans 42 ; mais le chiffre 6 est trop fort à cause des retenues ; j'essaie 5 ; pour cela je multiplie le diviseur par 5 et j'écris le produit 3690 sous le troisième dividende partiel ; le chiffre 5 est bon, je l'écris au quotient.

Je retranche 3690 de 4244. Si à la droite du reste 554, on abaisse le dernier chiffre 5 du dividende proposé, on forme le dernier dividende partiel 5545. Je cherche combien de fois le diviseur est contenu dans ce dernier dividende partiel ; 7 est contenu 7 fois dans 55 ; j'essaie 7 ; pour cela je multiplie le diviseur par 7 et j'écris le produit 5166 sous le dernier dividende partiel ; le chiffre 7 est bon, je l'écris au quotient. L'opération est terminée ; le quotient est 2357 et il reste 379.

DIVISION.

Nous pouvons maintenant énoncer la règle générale de la division :

Règle II. *Pour diviser un nombre par un autre, on sépare sur la gauche du dividende autant de chiffres qu'il en faut pour former un nombre au moins égal au diviseur. Cette partie séparée, ou premier dividende partiel, divisée par le diviseur, donne le premier chiffre du quotient à partir de la gauche. A la droite du reste de cette première division on abaisse le chiffre suivant du dividende, ce qui donne le second dividende partiel ; en le divisant par le diviseur, on obtient le second chiffre du quotient. A la droite du second reste, on abaisse le chiffre suivant du dividende proposé, ce qui donne le troisième dividende partiel. On continue de cette manière jusqu'à ce qu'on ait abaissé tous les chiffres du dividende.*

Remarques.

43. Remarque I. Les dividendes partiels sont tous plus petits que dix fois le diviseur ; mais il peut arriver qu'un dividende partiel, autre que le premier, soit plus petit que le diviseur ; dans ce cas le chiffre correspondant du quotient est 0, et pour avoir le dividende partiel suivant, il suffit d'abaisser encore un chiffre.

Soit, par exemple, à diviser 296212 par 486.

```
296212  | 486
2916    | 609
─────
 4612
 4374
 ─────
  238
```

Je sépare quatre chiffres sur la gauche du dividende pour former le premier dividende partiel 2962 ; le diviseur étant contenu 6 fois dans ce premier dividende partiel, j'écris 6 centaines au quotient, et à la droite du reste 46 j'abaisse le chiffre suivant 1 du dividende proposé ; le second dividende partiel 461 étant plus petit que le diviseur 486, je mets 0 au quotient et j'abaisse le chiffre suivant 2 pour former le troisième dividende partiel 4612.

44. REMARQUE II. Lorsque le quotient renferme un grand nombre de chiffres, il est avantageux de former les produits du diviseur par les neuf premiers nombres, comme nous avons fait d'abord, l'opération marche beaucoup plus rapidement.

Exemple :

```
377536036620858807 | 286
286                | 132005607210090
---
 915
 858
 ---
  573
  572
  ---
  1603
  1430
  ----
   1736
   1716
   ----
    2062
    2002
    ----
     600
     572
     ---
      288
      286
      ---
      2588
      2574
      ----
       140
```

1.....	286
2.....	572
3.....	858
4.....	1144
5.....	1430
6.....	1716
7.....	2002
8.....	2288
9.....	2574

45. REMARQUE III. Lorsque le dividende et le diviseur sont terminés par des zéros, on peut supprimer de part et d'autre un même nombre de zéros, le quotient ne change pas. Soit, par exemple, à diviser 377000 par 28600 ; la question revient à chercher combien de fois 286 centaines sont contenues dans 3770 centaines : il faudra donc diviser 3770 par 286 ; le quotient est 13 et il reste 52 centaines. Ainsi le quotient ne change

DIVISION. 47

pas, mais il faut ajouter à la droite du reste les deux zéros supprimés.

```
3770  | 286
 286  |-----
------| 13
 910
 858
------
5200
```

46. Remarque IV. Quand on a trouvé un chiffre du quotient, il faut multiplier le diviseur par ce chiffre et retrancher le produit du dividende partiel. Pour abréger un peu l'opération, on a coutume d'effectuer la soustraction en même temps que la multiplication. Soit à diviser 325806424 par 4738. Je mets en regard les deux manières de procéder.

```
325826421  | 4738      325826421  | 4738
 28428     | -----      41546     | -----
--------   | 68768      36424     | 68768
 41546                  32582
 37904                  41544
--------                 3637
 36424
 33166
--------
 32582
 28428
--------
 41544
 37904
--------
  3637
```

Quand on a trouvé le premier chiffre 6 du quotient, au lieu de multiplier le diviseur par 6 pour retrancher ensuite le produit du premier dividende partiel, on dit : 6 fois 8 font 48 unités, je ne peux les retrancher de 2 unités ; j'ajoute au dividende 5 dizaines ou 50 unités, qui avec les 2 unités font 52 unités ; de 52 je retranche 48, il reste 4. Six fois 3 dizaines font 18 dizaines ; j'ai ajouté au nombre supérieur 5 dizaines ; pour que la différence ne change pas, j'ajoute aussi 5 dizaines au nombre inférieur ; j'ai donc à retrancher 18 plus 5 ou 23 dizaines. J'ajoute 2 centaines ou 20 dizaines au nombre supérieur, qui avec les 8 dizaines, font 28 dizaines :

de 28 dizaines je retranche 23 dizaines, il reste 5 dizaines ; etc.

On opère en disant : 6 fois 8..... 48, de 52 il reste 4 et retiens 5 ; 6 fois trois..... 18 et 5..... 23, de 28 il reste 5 et retiens 2 ; 6 fois 7..... 42 et 2..... 44, de 45 il reste 1 et retiens 4 ; 6 fois 4..... 24 et 4..... 28, de 32, il reste 4, etc.

Mais cette manière de procéder n'offre pas un bien grand avantage ; elle dispense, il est vrai, d'écrire les produits, ce qui abrége un peu l'opération ; mais elle présente cet inconvénient, que lorsqu'on retrouve au quotient un chiffre déjà obtenu, il faut recommencer une multiplication déjà faite. C'est ce qui a lieu dans l'exemple actuel ; on retrouve à la fin les deux premiers chiffres 6 et 8 ; par le procédé ordinaire, il suffit d'écrire de nouveau les produits 28428 et 37904, déjà calculés, tandis que par l'autre procédé, il faut les calculer une seconde fois. Les élèves pourront donc s'en tenir à la première méthode.

Preuve.

47. Nous avons défini la division, une opération qui a pour but de chercher combien de fois le diviseur est contenu dans le dividende. Supposons que le diviseur soit contenu exactement dans le dividende ; dans ce cas, le dividende est égal au produit du diviseur par le quotient, et l'on voit que la division peut être définie ainsi : *étant donné le produit de deux facteurs et l'un des facteurs, trouver l'autre*. Le produit donné est le *dividende*, le facteur donné est le *diviseur*, le facteur cherché est le *quotient*.

Il en résulte une manière très-simple de vérifier la division. En multipliant le diviseur par le quotient on devra reproduire le dividende.

Si le diviseur n'est pas contenu exactement dans le dividende, le dividende contient le diviseur un certain nombre de fois plus un reste moindre que le diviseur ; il est clair, dans ce cas, qu'en multipliant le diviseur par le quotient, et ajoutant le reste au produit, on devra encore reproduire le dividende. Je vérifie de cette manière le dernier exemple de division :

$$\begin{array}{r} 4738 \\ 68768 \\ \hline 37904 \\ 28428 \\ 33166 \\ 37904 \\ 28428 \\ 3637 \\ \hline 325826421 \end{array}$$

On retrouve le dividende ; il est très-probable que l'opération est exacte.

POUR DIVISER UN NOMBRE PAR UN PRODUIT DE PLUSIEURS FACTEURS, IL SUFFIT DE DIVISER SUCCESSIVEMENT PAR LES FACTEURS DE CE PRODUIT.

48. Soit à diviser 60 par le nombre 12 qui est le produit des deux facteurs 3 et 4 ; ceci revient à diviser 60 par 3, ce qui donne 20, puis 20 par 4, ce qui donne 5. En effet, si l'on multiplie 5 successivement par 4 et par 3, on reproduit 60 ; mais on sait que multiplier un nombre successivement par les deux facteurs 4 et 3 revient à le multiplier par leur produit 12 ; ainsi 60 est le produit de 5 par 12, et par conséquent 5 est le quotient de 60 par 12.

Soit de même à diviser 120 par le nombre 24, produit des trois facteurs 2, 3, 4. Ceci revient à diviser d'abord par 2, ce qui donne 60, puis par 3, ce qui donne 20, puis par 4, ce qui donne 5. En effet, si l'on multiplie 5 successivement par 4, 3, 2, on reproduit 120 ; mais multiplier successivement par ces trois facteurs revient à multiplier par leur produit 24 ; donc 120 est le produit de 5 par 24, et par conséquent le quotient de 120 par 24 est 5.

CHAPITRE V. — LIVRE I.

Applications de la division.

49. Nous allons donner quelques exemples des différentes sortes de questions que l'on peut résoudre par la division.

1° On achète pour 35 francs de drap, à 7 francs le mètre. Combien de mètres a-t-on achetés ? Il est clair que, autant de fois 7 francs sont contenus dans 35 francs, autant de mètres on a achetés. Or 7 est contenu 5 fois dans 35 ; donc on a acheté 5 mètres de drap.

2° On a acheté 7 mètres de drap pour 35 francs. Quel est le prix du mètre ? Si le mètre coûtait un franc, les sept mètres coûteraient 7 francs ; si le mètre coûtait 2 francs, les 7 mètres coûteraient deux fois plus, c'est-à-dire deux fois 7 francs ; si le mètre coûtait 3 francs, les 7 mètres coûteraient 3 fois plus, c'est-à-dire 3 fois 7 francs ; etc. Ainsi, autant de fois 7 francs seront contenus dans 35 francs, autant de francs coûtera le mètre. Puisque 7 est contenu 5 fois dans 35, le mètre de drap coûte 5 francs.

3° Partager 28 pommes entre 4 enfants. Je prends 4 pommes, et j'en donne une à chaque enfant ; j'en prends 4 autres, et j'en donne une à chaque enfant, etc. Autant de fois 4 pommes seront contenues dans 28 pommes, autant de pommes recevra chaque enfant. Puisque 4 est contenu 7 fois dans 28, chaque enfant aura 7 pommes pour sa part.

50. En général le partage d'un nombre en plusieurs parties égales revient à une division. Comme nous l'avons expliqué tout-à-l'heure, le partage de 28 en 4 parties égales revient à chercher combien de fois 4 est contenu dans 28 ; car si l'on prend 4 unités dans le dividende et qu'on les distribue entre 4 personnes, chacune en aura une ; ainsi autant de fois le nombre à partager contiendra 4 unités, autant d'unités contiendra chaque part.

Il en résulte un moyen très-rapide d'effectuer la division par l'un des neuf premiers nombres. Diviser un nombre par 2 revient, comme nous l'avons dit, à le partager en

DIVISION. 51

deux parties égales, ou à en prendre la *moitié*. De même, diviser un nombre par 3, par 4, par 5, par 6, etc., revient à en prendre le *tiers*, le *quart*, le *cinquième*, le *sixième*, etc. Soit à diviser 6956 par 2.

6956
3478

On dira : la moitié de 6 mille est 3 mille que l'on écrit au-dessous de 6 ; la moitié de 9 centaines est 4 centaines pour 8 et il reste une centaine qui, ajoutée aux 5 dizaines du nombre proposé, fait 15 dizaines ; la moitié de 15 dizaines est 7 dizaines pour 14, et il reste une dizaine, qui avec les 6 unités fait 16 unités ; la moitié de 16 unités est 8 unités. Ainsi la moitié du nombre proposé, ou le quotient cherché, est 3478.

Je divise de la même manière 395472 par 7.

395472
56496

On dira en abrégeant : le septième de 39 est 5 pour 35, et il reste 4 ; le septième de 45 est 6 pour 42 et il reste 3 ; le septième de 34 est 4 pour 28 et il reste 6 ; le septième de 67 est 9 pour 63 et il reste 4 ; le septième de 42 est 6. Le quotient demandé est 56496.

Exercices.

1° Un père laisse en mourant une fortune de 74640 francs à partager entre 8 enfants. Quelle est la part de chacun?

On prendra le huitième de la fortune totale.

Réponse : 9330 francs.

2° On a acheté pour 585 francs de drap à raison de 13 francs le mètre. Combien de mètres a-t-on achetés?

Autant de fois 13 francs sont contenus dans 585 francs, autant de mètres on a achetés. On divisera donc 585 par 13.

Réponse : 45 mètres.

3° On a acheté 320 mètres d'étoffe pour 5760 francs. A combien revient le mètre?

Si le prix du mètre était d'un franc, 320 mètres coûteraient 320 francs. S'il était de deux francs, 320 mètres coûteraient deux fois plus, etc.; autant de fois 320 francs seront contenus dans 5760 francs, autant de francs coûtera le mètre. Il faut donc diviser 5760 par 320.

Réponse : 18 francs.

4° On a payé 60172 francs un convoi de marchandises pesant brut 1535 kilogrammes. On sait que l'emballage est la cinquième partie du poids total. A combien revient le kilogramme de marchandises ?

Il faut d'abord calculer le poids de l'emballage en prenant le cinquième de 1535 kilogrammes ; on trouve ainsi que l'emballage pèse 307 kilogrammes. En retranchant ce poids du poids total, on aura le poids 1228 kilogrammes de la marchandise elle-même. En divisant 60172 par 1228, on aura enfin le prix du kilogramme.

Réponse : 49 francs.

5° Combien y a-t-il de minutes et d'heures dans 24056 secondes ?

Puisque 60 secondes forment une minute, autant de fois 60 secondes seront contenues dans 24056 secondes, autant de minutes nous aurons ; en divisant 24056 par 60, nous trouvons ainsi 400 minutes et il reste 56 secondes. De même, puisque 60 minutes forment une heure, autant de fois 60 minutes seront contenues dans 400 minutes, autant d'heures nous aurons ; en divisant 400 par 60, nous trouvons 6 heures, et il nous reste 40 minutes. Ainsi 24056 secondes valent 6 heures 40 minutes et 56 secondes.

6° Combien faudra-t-il de temps à une fontaine donnant 15 litres d'eau par minute, pour remplir un bassin d'une capacité de 24645 litres ?

Autant de fois 24645 litres contiennent 15 litres, autant de minutes il faudra à la fontaine pour remplir le bassin : nous trouvons 1643 minutes. En opérant comme dans le problème précédent, on verra que ce nombre de minutes est égal à 1 jour 3 heures et 23 minutes.

7° Quel temps faudrait-il pour faire le tour de la terre, si l'on pouvait marcher sans cesse en faisant 1 lieue par heure ?

Réponse : 375 jours.

DIVISION. 53

8° Deux voyageurs vont à la rencontre l'un de l'autre ; ils sont actuellement distants de 20704 mètres ; le premier fait 12 mètres par minute, le second en fait 20. On demande 1° après combien de temps les deux voyageurs se rencontreront ; 2° à quelle distance ils seront alors des points de départ ?

Les deux voyageurs faisant l'un 12 mètres, l'autre 20 mètres par minute, la distance qui les sépare diminue de 32 mètres par minute ; autant de fois 32 mètres sont contenus dans 20704 mètres, autant de minutes il leur faudra pour se rencontrer ; en divisant 20704 par 32, on trouve ainsi 647 minutes ou 10 heures 47 minutes. Pendant ce temps le premier voyageur a parcouru 7764 mètres, et le second 12940.

9° La circonférence de la terre est de 40 millions de mètres. Quelle est la longueur en mètres de la lieue de 25 au degré et de la lieue marine de 20 au degré ?

Réponse : La lieue de 25 au degré vaut 4444 mètres.
La lieue marine. 5556

10° La distance de la lune à la terre est 60 fois plus grande que le rayon du globe terrestre, et ce rayon est de 6366500 mètres. On demande quel temps mettrait le son, qui parcourt 340 mètres par seconde, pour venir de la lune à la terre ?

On exprimera d'abord en mètres la distance de la lune à la terre ; ensuite on cherchera combien de secondes emploierait le son pour parcourir cette distance : enfin on calculera combien il y a de minutes, d'heures et de jours dans ce nombre de secondes.

Réponse : 13 jours 5 minutes.

11° La distance du soleil à la terre est de 34000000 lieues de 25 au degré, et l'on sait que la lumière met 8 minutes 13 secondes pour venir du soleil à la terre. Combien de lieues la lumière parcourt-elle par seconde ?

12° L'étoile la plus rapprochée de nous est à une distance 200000 fois plus grande que le soleil. Combien de temps emploie la lumière pour venir de cette étoile jusqu'à nous ?

Réponse : Environ 3 ans.

LIVRE II.

PROPRIÉTÉS DES NOMBRES.

CHAPITRE I.

DIVISIBILITÉ.

Définitions.

51. Lorsqu'un nombre contient exactement un autre nombre, on dit que le premier est *divisible* par le second. Ainsi 28, contenant 7 quatre fois exactement, est divisible par 7.

On appelle *multiples* d'un nombre les produits que l'on obtient en répétant ce nombre deux fois, trois fois, etc. Les multiples de 7 sont deux fois 7 ou 14, 3 fois 7 ou 21, etc. Le nombre 7 lui-même, ou une fois 7, est considéré comme le premier multiple de 7.

Tout multiple d'un nombre, se composant d'un certain nombre de fois de ce nombre, est divisible par ce nombre, et réciproquement, tout nombre divisible par un autre, est un multiple de ce dernier. Il est évident que la somme ou la différence de deux nombres divisibles par un troisième est divisible par ce troisième. On ajoute, par exemple, les deux nombres 21 et 35, divisibles par 7; la somme, se composant de trois fois 7, plus cinq fois 7, est égale à huit fois 7, et par conséquent est divisible par 7.

Mais si l'on ajoute deux nombres, l'un divisible par un troisième, l'autre non divisible, la somme ne sera pas divisible. On ajoute, par exemple, les deux nombres 21 et 38, le premier divisible par 7, le second non divisible ; le nombre 38 égale 5 fois 7 plus un reste 3 ; la somme se composera d'un certain nombre de fois 7, plus du même reste 3. Ainsi dans ce cas, la somme n'est pas divisible et elle fournit le même reste que la partie non divisible.

RESTES DE LA DIVISION D'UN NOMBRE ENTIER PAR 2, 3, 5, 9. = CARACTÈRES DE DIVISIBILITÉ PAR CHACUN DE CES NOMBRES.

Divisibilité par 2.

52. Les nombres divisibles par 2 s'appellent nombres *pairs*; ceux qui ne le sont pas s'appellent nombres *impairs*.

Si l'on considère la suite des nombres,
1, 2, 3, 4, 5, 6, 7, 8, 9, 10, 11, 12...
on voit que les nombres pairs et les nombres impairs se succèdent alternativement. Les nombres 2, 4, 6, 8, sont pairs; les nombres 1, 3, 5, 7, 9, sont impairs. Tout nombre impair égale un nombre pair plus un.

Nous allons démontrer qu'*un nombre est pair lorsqu'il est terminé par un zéro ou par l'un des chiffres pairs, 2, 4, 6, 8, et qu'il est impair lorsqu'il est terminé par l'un des chiffres impairs* 1, 3, 5, 7, 9.

Considérons d'abord un nombre terminé par un zéro, par exemple le nombre 230. Ce nombre égale 23 fois 10 ; mais 10 égale 5 fois 2; donc 230 égale un certain nombre de fois 2, et par conséquent est divisible par 2.

Soit maintenant un nombre, comme 236, terminé par un chiffre pair. Ce nombre se compose de deux parties, l'une 230 divisible par 2, l'autre 6, aussi divisible par 2; donc ce nombre est lui-même divisible par 2.

Mais si le nombre est terminé par un chiffre impair, il n'est pas divisible par 2. Soit, par exemple, le nombre 237, terminé par le chiffre impair 7; ce nombre 237 égale le nombre pair 236, plus un; c'est donc un nombre impair.

En appliquant cette règle, on voit immédiatement que les

nombres 150, 78, 1004 sont pairs, et que les nombres 21, 145, 67 sont impairs.

Divisibilité par 5.

53. En examinant la série des nombres, on reconnaît que les multiples de 5 se succèdent de 5 en 5. Le premier multiple de 5 que l'on rencontre est le nombre 5 lui-même ; après le nombre 5, viennent les quatres nombres 6, 7, 8, 9, ou $5+1, 5+2, 5+3, 5+4$; ces nombres ne sont pas divisibles par 5 et donnent pour restes les quatres premiers nombres 1, 2, 3, 4. On trouve ensuite le nombre $5+5$ ou 2 fois 5, c'est un nouveau multiple de 5. Les quatre nombres suivants, étant égaux à $10+1, 10+2, 10+3, 10+4$, ne sont pas divisibles, et donnent pour restes les quatre premiers nombres ; vient ensuite $10+5$ ou 3 fois 5, nouveau multiple de 5. Ce raisonnement est général ; les quatre nombres qui suivent un multiple quelconque de 5 sont égaux à ce multiple, plus 1, 2, 3, 4 ; le cinquième nombre égale le multiple précédent, plus 5, c'est un nouveau multiple.

Nous allons faire voir qu'*un nombre est divisible par* 5 *lorsqu'il est terminé par* 0 *ou par* 5.

Considérons d'abord un nombre tel que 230, terminé par un zéro. Les raisonnements que nous avons faits sur le diviseur 2 s'appliquent au diviseur 5. Le nombre 230 égale 23 fois 10 ; mais 10 égale 2 fois 5 ; donc 230 égale un certain nombre de fois 5, et par conséquent est divisible par 5.

Soit maintenant un nombre comme 235, terminé par 5. Ce nombre se compose de deux parties, l'une 230 divisible par 5, l'autre 5 aussi divisible ; donc ce nombre est lui-même divisible par 5.

Mais si le nombre n'est pas terminé par 5 ou par 0, il n'est pas divisible par 5. Par exemple, le nombre 243 égale le nombre 240 divisible par 5, plus le reste 3. De même le nombre 247 égale le nombre 245, divisible par 5, plus le reste 2. On voit donc que dans ce cas le reste est le même que celui fourni par le dernier chiffre.

Divisibilité par 9.

54. Je remarque d'abord qu'un nombre composé de plusieurs 9 est un multiple de 9. Ainsi 99 égale 9×11; de même 999 égale 9×111; et ainsi de suite.

Considérons un nombre quelconque, 13257. Ce nombre peut être décomposé de la manière suivante :
$$13257 = 7 + 50 + 200 + 3000 + 10000.$$

La seconde partie 50 égale 5 fois 10 ; mais 10 égale 9 plus 1 ; donc 50 égale 5 fois 9, plus 5 fois un, c'est-à-dire un multiple de 9 plus 5. De même la troisième partie 200 égale 2 fois 100 ; mais 100 égale 99 plus 1 ; donc 200 égale 2 fois 99 plus 2 fois un, c'est-à-dire un multiple de 9 plus 2. La quatrième partie 3000 égale 3 fois 1000 ; mais 1000 égale 999 plus 1 ; donc 3000 égale 3 fois 999 plus 3 fois un, c'est-à-dire un multiple de 9 plus 3. Enfin la cinquième partie 10000 égale 9999 plus 1, c'est-à-dire un multiple de 9 plus 1. On a ainsi :

$$
\begin{aligned}
7 &= && 7 \\
50 &= 9 \times 5 &&+ 5 \\
200 &= 99 \times 2 &&+ 2 \\
3000 &= 999 \times 3 &&+ 3 \\
10000 &= 9999 &&+ 1 \\
\hline
13257 &= \text{mult. de } 9 &&+ 18
\end{aligned}
$$

En ajoutant les multiples de 9 on obtient un multiple de 9 ; le nombre proposé égale donc un multiple de 9 plus la somme de ses chiffres. Si la somme des chiffres est divisible par 9, le nombre sera lui-même divisible par 9. C'est ce qui a lieu dans l'exemple actuel ; la somme des chiffres du nombre 13257 est 18 ou 2 fois 9; ce nombre, étant égal à un multiple de 9, plus 18 qui est un autre multiple de 9, est lui-même divisible par 9.

Mais si la somme des chiffres n'est pas divisible par 9, le nombre n'est pas divisible. Soit par exemple le nombre 2685. En vertu des raisonnements précédents, ce nombre égale un multiple de 9, plus la somme de ses chiffres 24 ; mais 24 n'est pas divisible par 9 ; le nombre, se composant de deux parties, l'une divisible par 9, l'autre non divisible, n'est pas divisible. Dans ce cas on peut dire que le reste de la division du nombre par 9 est le même que le reste fourni par la somme de ses chiffres. Car, la somme des chiffres 21 étant égale à 2 fois 9 plus un reste 3, le nombre proposé 2685 contiendra un certain nombre de fois 9, plus le même reste 3.

On conclut de ce qui précède : 1° *Un nombre est divisible par* 9 *lorsque la somme de ses chiffres est divisible par* 9.

2° *Lorsque la somme des chiffres n'est pas divisible par* 9, *le nombre n'est pas divisible, et le reste est celui que fournit la somme des chiffres.*

En appliquant cette règle, on voit de suite que les nombres 27, 81, 135, 2403 sont divisibles par 9 ; que les nombres 52, 413, 2304 ne sont pas divisibles et donnent respectivement pour restes 7, 8, 6.

On abrége l'addition des chiffres en retranchant 9 successivement dans le cours de l'opération, toutes les fois que c'est possible ; car en retranchant 9 on ne change pas le reste. Pour cela, toutes les fois que la somme surpasse 10, on ajoute les deux chiffres qui la composent, ce qui donne le reste. Soit le nombre 6753897 ; négligeant le second chiffre 9, j'ajoute 7 et 8, ce qui fait 15 ; mais 15 égale 9 plus la somme de ses chiffres 6 ; 6 et le chiffre suivant 3 font 9, que je néglige ; 5 et 7 font 12, reste 3 et 6 font 9. Le nombre est divisible par 9.

On appliquera de même au nombre 28067895746, en disant : 6 et 4... 10, reste 1 et 7... 8 et 5... 13, reste 4 et 8... 12, reste 3 et 7... 10, reste 1 et 6... 7 et 8... 15, reste 6 et 2... 8. Le nombre n'est pas divisible par 9 et donne pour reste 8.

Divisibilité par 3.

55. Nous avons démontré qu'un nombre quelconque

égale un multiple de 9 plus la somme de ses chiffres. Puisque 9 égale 3 fois 3, un multiple de 9 est évidemment multiple de 3. Il en résulte qu'un nombre quelconque égale un multiple de 3, plus la somme de ses chiffres.

Si la somme des chiffres est divisible par 3, le nombre est lui-même divisible par 3. Soit par exemple le nombre 174. D'après ce que nous avons dit, ce nombre égale un multiple de 3, plus la somme de ses chiffres 12; mais 12 égale 4 fois 3; le nombre 174, étant égal à la somme de deux multiples de 3, est lui-même divisible par 3.

Mais si la somme des chiffres n'est pas divisible par 3, le nombre n'est pas divisible. Examinons, par exemple, le nombre 527. Ce nombre égale un multiple de 3, plus la somme de ses chiffres 14; mais 14 n'est pas divisible par 3; le nombre proposé se composant de deux parties, l'une divisible par 3, l'autre non divisible, n'est pas divisible. Le reste de la division ne peut être que l'un des deux nombres 1 et 2, et sera donné par la somme des chiffres. Dans l'exemple actuel, la somme des chiffres 14 étant égale à 4 fois 3, plus un reste 2, le nombre 527 contiendra un certain nombre de fois 3, plus le même reste 2.

Ainsi : 1° *Un nombre est divisible par* 3 *lorsque la somme de ses chiffres est divisible par* 3.

2° *Lorsque la somme des chiffres n'est pas divisible par* 3, *le nombre n'est pas divisible et le reste est celui que fournit la somme des chiffres.*

En appliquant cette règle, on voit que les nombres 54, 162, 1251, 2010 sont divisibles par 3; que les nombres 31, 62, 145, 2056 ne sont pas divisibles et donnent respectivement les restes 1, 2, 1, 1.

Dans la pratique, on abrégera l'addition des chiffres en négligeant les multiples de 3. Soit le nombre 6519; négligeant 9 et 6 qui sont des multiples de 3, on ajoutera 1 et 5, ce qui donne 6; le nombre est divisible par 3. De même pour le nombre 267928; on dira 8 et 2... 10, reste 1, et

7... 8 et 6... 14, reste 5 et 2... 7, reste 1; le nombre n'est pas divisible par 3 et donne pour reste 1.

Preuve de la multiplication.

56. Les restes fournis par le diviseur 9 donnent une manière très-simple de vérifier si une multiplication a été bien faite. Je considère le produit de 264 par 47. Le multiplicande 264 étant égal à un multiple de 9 plus 3, le produit contient 47 fois ce multiple, c'est-à-dire un certain nombre de fois 9, plus 47 fois 3 ou 47×3. D'un autre côté, le nombre 47 étant égal à un multiple de 9 plus 2, le produit de 47 par 3 contient 3 fois ce multiple, c'est-à-dire un certain nombre de fois 9, plus 3 fois 2 ou 6. En définitive, le produit de 264 par 47 contient un certain nombre de fois 9, plus le reste 6, et ce reste est égal au produit des restes 3 et 2 fournis par les deux nombres. Pour vérifier la multiplication, on fera la somme des chiffres du produit et l'on verra si l'on trouve bien le reste 6.

$$\begin{array}{r} 264 \\ 47 \\ \hline 1848 \\ 1056 \\ \hline 12408 \end{array}$$

Considérons encore la multiplication suivante :

$$\begin{array}{r} 4389 \\ 638 \\ \hline 35112 \\ 13167 \\ 26334 \\ \hline 2800182 \end{array}$$

Le multiplicande et le multiplicateur, par rapport au diviseur 9, donnent les restes 6 et 8. En vertu du raisonnement précédent, le produit contient un certain nombre de fois 9, plus le produit des restes 6×8 ou 48; mais ce nombre 48 égale un multiple de 9 plus 3 ; donc finalement le produit contiendra un certain nombre de fois 9 plus le reste 3. C'est effectivement ce qu'on trouve en faisant la somme des chiffres du produit.

Ainsi, on vérifie la multiplication en voyant si le produit donne le même reste par rapport au diviseur 9 que le produit des restes fournis par le multiplicande et le multiplicateur. Cependant, quand cette vérification a lieu, on ne peut affirmer d'une manière absolue que le résultat soit exact. Car si dans les calculs on avait commis une erreur qui fût exactement un multiple de 9, cette erreur n'ayant aucune influence sur les restes, on ne l'apercevrait pas par ce procédé.

CHAPITRE II.

DES NOMBRES PREMIERS.

DÉFINITION DES NOMBRES PREMIERS ET DES NOMBRES PREMIERS ENTRE EUX.

57. Les nombres qui divisent exactement un nombre sont les *diviseurs* de ce nombre. Ainsi le nombre 12 admet pour diviseurs 1, 2, 3, 4, 6 et 12. Le plus petit diviseur d'un nombre est 1 ; le plus grand, ce nombre lui-même. On appelle *nombre premier* un nombre qui n'est divisible que par lui-même et par l'unité. Ainsi le nombre 7, qui n'est divisible que par 1 et par 7, est un nombre premier.

Je vais expliquer comment on détermine les nombres premiers. Proposons-nous, afin de fixer les idées, de rechercher quels sont, parmi les cent premiers nombres, les nombres premiers. Imaginons que l'on ait écrit à la suite les uns des autres les cent premiers nombres :

1, 2, 3, 5, 7, 9, 11, 13, 15, 17, 19, 21, 23, 25, 27, ... 91, 93, 95, 97, 99.

Partant de 2, barrons les nombres de deux en deux, savoir : 4, 6, 8..... Les nombres ainsi barrés sont les multiples de 2 ou les nombres pairs. Pour abréger, je ne les ai pas écrits dans la suite des nombres.

Partant de 3, on barre les nombres de trois en trois, savoir : 6, 9, 12, 15. . . . Les nombres ainsi barrés sont les multiples de 3.

Les multiples de 4 ont déjà été barrés, puisque ce sont des multiples de 2.

Partant de 5, on barre les nombres de 5 en 5, savoir : 10, 15, 20. . . : ce sont les multiples de 5.

DES· NOMBRES PREMIERS. 63

Les multiples de 6 sont déjà barrés comme multiples de 2 et de 3.

Partant de 7, on barre les nombres de 7 en 7 ; ce sont les multiples de 7.

Les multiples de 8 et de 9 sont déjà barrés, les premiers comme multiples de 2, les seconds comme multiples de 3.

Il est inutile d'aller plus loin. En effet, lorsqu'un nombre plus petit que 100, par exemple 96, est divisible par un nombre 12 plus grand que 10, il est égal au produit de 12 par un quotient 8 nécessairement plus petit que 10, et par conséquent il est aussi divisible par 8 ; en un mot, lorsqu'un nombre plus petit que 100 est divisible par un nombre plus grand que 10, il l'est aussi par un nombre plus petit que 10, et, comme tel, a déjà été barré.

Les nombres non barrés
1, 2, 3, 5, 7, 11, 13. . . . . . , ... 97
sont les nombres premiers.

58. Les nombres qui divisent à la fois plusieurs nombres donnés sont les *communs diviseurs* de ces nombres. Ainsi les deux nombres 12 et 18 admettent les communs diviseurs 1, 2, 3, 6. Le plus grand commun diviseur de ces deux nombres est 6.

Lorsque deux nombres n'ont pas d'autre commun diviseur que l'unité, on dit qu'ils sont *premiers entre eux*. Ainsi les deux nombres 9 et 14, n'ayant pas d'autre commun diviseur que l'unité, sont premiers entre eux. On reconnaît que deux nombres sont premiers entre eux lorsque leur plus grand commun diviseur est l'unité. Nous allons dire d'abord comment on trouve le plus grand commun diviseur de deux nombres.

TROUVER LE PLUS GRAND COMMUN DIVISEUR DE DEUX NOMBRES.

59. Soient les deux nombres 312 et 108. Le plus grand

diviseur de 108 étant ce nombre lui-même, je remarque d'abord que si le plus grand des deux nombres donnés était divisible par le plus petit, ce dernier serait le plus grand commun diviseur cherché. On est conduit de la sorte à diviser 312 par 108; la division ne se fait pas exactement: elle donne 2 pour quotient et 96 pour reste; ainsi le plus petit des deux nombres 108 n'est pas le plus grand commun diviseur cherché. Cependant cette division n'est pas inutile; je vais démontrer que le plus grand commun diviseur des deux nombres donnés est le même que celui du plus petit d'entre eux et du reste de la division du plus grand par le plus petit.

En effet, le dividende étant égal au produit du diviseur par le quotient, plus le reste, on a

$$312 = 108 \times 2 + 96.$$

Je considère un commun diviseur quelconque des deux nombres 312 et 108; ce nombre, divisant 108, divise le multiple 108×2; divisant à la fois les deux nombres 312 et 108×2, il divise leur différence 96. Ainsi tout commun diviseur de 312 et de 108 est aussi commun diviseur de 108 et de 96.

Réciproquement, je considère un commun diviseur quelconque des deux nombres 108 et 96; ce nombre, divisant 108, divise le multiple 108×2; divisant à la fois 108×2 et 96, il divise leur somme 312. Ainsi tout commun diviseur de 108 et de 96 est aussi commun diviseur de 312 et de 108. Si donc on formait deux tableaux renfermant, l'un les communs diviseurs de 312 et de 108, l'autre, ceux de 108 et de 96, ces deux tableaux seraient identiquement les mêmes. Il en résulte que le plus grand commun diviseur est le même de part et d'autre.

D'après cela, la recherche du plus grand commun diviseur des deux nombres 312 et 108 est ramenée à celle du plus grand commun diviseur des deux nombres plus simples 108 et 96. Je recommence sur ces deux nombres les mêmes raisonnements : si le plus grand nombre était divisible par le plus petit, ce dernier serait le plus grand commun diviseur cherché ; on est conduit à diviser 108 par 96 ; la division ne se fait pas exactement ; elle donne 1 pour quotient et 12 pour reste, et l'on a

$$108 = 96 + 12.$$

Ainsi 96 n'est pas le plus grand commun diviseur cherché ; mais on démontrera, comme précédemment, que le plus grand commun diviseur des deux nombres 108 et 96 est le même que celui du plus petit 96 et du reste 12 de la division du plus grand par le plus petit.

La question est ainsi ramenée à la recherche du plus grand commun diviseur des deux nombres 96 et 12. En effectuant la division, on voit que 96 est divisible par 12 ; ce dernier 12 est donc le plus grand commun diviseur des deux nombres 96 et 12, et par conséquent c'est le plus grand commun diviseur cherché.

On déduit de là la règle suivante :

RÈGLE. *Pour trouver le plus grand commun diviseur de deux nombres, on divise le plus grand par le plus petit, ce dernier par le reste de la division, le premier reste par le second reste, et ainsi de suite jusqu'à ce qu'on arrive à un reste nul ; le dernier diviseur est le plus grand commun diviseur cherché.*

On dispose l'opération de cette manière

	2	1	8
312	108	96	12
96	12	0	

en plaçant les quotients au-dessus des diviseurs, afin de laisser la place libre pour les restes.

J'applique la règle à la recherche du plus grand commun diviseur des deux nombres 1476 et 648.

1476	2	3	1	1	2
	648	180	108	72	36
180	108	72	36	0	

Après quatre divisions, on arrive à deux nombres 72 et 36, tels que le plus grand est divisible par le plus petit ; donc 36 est le plus grand commun diviseur cherché.

Remarques.

60. Reprenons les opérations qui ont servi à trouver le plus grand commun diviseur des deux nombres 312 et 108. La première division donne

$$312 = 108 \times 2 + 96.$$

Considérons un nombre qui divise à la fois les deux nombres 312 et 108 ; ce nombre, divisant 312 et 108×2, divise la différence 96 ou le reste de la division. Ce nombre, divisant 108 et 96, divise de même le second reste 12. Ainsi tout nombre qui divise les deux nombres 312 et 108 divise leur plus grand commun diviseur 12.

En général, tout nombre qui divise deux nombres divise tous les restes successifs, et par conséquent le dernier d'entre eux, qui est le plus grand commun diviseur des deux nombres proposés. Il en résulte que *tout nombre qui divise deux nombres divise leur plus grand commun diviseur.*

61. Lorsque l'on multiplie le dividende et le diviseur par un même nombre, il est aisé de voir que le quotient ne change pas, et que le reste est multiplié par ce même nombre. En divisant 312 par 108, nous avons trouvé un quotient 2 et un reste 96,

$$312 = 108 \times 2 + 96.$$

Multiplions par un même nombre 3 chacune des deux parties qui composent le dividende 312 ; nous aurons

$$312 \times 3 = 108 \times 3 \times 2 + 96 \times 3.$$

Puisque le reste 96 est plus petit que 108, le nouveau reste 96×3 est encore plus petit que le nouveau diviseur 108×3. Si donc on divise 312×3 par 108×3, on trouvera le même quotient 2 et le reste 96×3.

Reportons-nous à la série des opérations par lesquelles on détermine le plus grand commun diviseur des deux nombres 312 et 108, et supposons que l'on multiplie ces deux nombres par 3 ; le premier reste 96, comme nous l'avons dit, sera aussi multiplié par 3 ; mais les deux nombres 108 et 96 étant multipliés par 3, le second reste 12 sera aussi multiplié par 3, et le reste suivant sera encore nul. Ainsi le plus grand commun diviseur des deux nombres 312×3 et 108×3 sera 12×3.

En général, si l'on multiplie deux nombres par un même nombre, les restes successifs seront tous multipliés par ce même nombre, et par conséquent le dernier d'entre eux, qui est le plus grand commun diviseur. Ainsi, *quand on multiplie deux nombres par un même nombre, le plus grand commun diviseur est aussi multiplié par ce même nombre.*

62. De même, quand on divise le dividende et le diviseur par un même nombre, le quotient ne change pas, et le reste est divisé par ce même nombre. Nous avons démontré, en effet, que lorsqu'un nombre 3, par exemple, divise à la fois les deux nombres 312 et 108, il divise aussi le reste 96 ; si nous divisons par 3 les deux parties qui composent le nombre 312,
$$312 = 108 \times 2 + 96,$$
il viendra
$$104 = 36 \times 2 + 32.$$
Donc, si l'on divise 104 par 36, on aura le même quotient 2 et le reste 32, tiers du précédent. Les deux nombres 108 et 96 étant divisés par 3, le second reste 12 sera aussi divisé par 3. Ainsi, le plus grand commun diviseur des nombres 104 et 36 est 4. En général, quand on divise deux nombres

par un même nombre, le plus grand commun diviseur est aussi divisé par ce même nombre.

Supposons, en particulier, que l'on divise les deux nombres 312 et 108 par leur plus grand commun diviseur 12, ce qui donne les deux quotients 26 et 9, les restes successifs seront tous divisés par 12, et par conséquent le dernier d'entre eux 12 ; les deux quotients 26 et 9 auront donc pour plus grand commun diviseur 12 divisé par 12, c'est-à-dire 1 ; donc ces deux quotients sont premiers entre eux. Ainsi, *quand on divise deux nombres par leur plus grand diviseur, on obtient deux quotients premiers entre eux.*

TOUT NOMBRE QUI DIVISE LE PRODUIT DE DEUX FACTEURS ET QUI EST PREMIER AVEC L'UN DES FACTEURS, DIVISE L'AUTRE.

63. Lorsqu'un nombre divise un produit de deux facteurs, il arrive souvent que ce nombre ne divise aucun des deux facteurs. Ainsi, le nombre 9, qui divise le produit 15×24, ne divise aucun des deux facteurs. Mais quand le nombre est premier avec l'un des facteurs, alors on peut affirmer qu'il divise l'autre facteur.

Par exemple, le nombre 9 divise le produit 504 des deux facteurs 14 et 36 ; il est premier avec 14, je dis qu'il divise l'autre facteur 36. En effet, le plus grand commun diviseur des deux nombres 14 et 9, premiers entre eux, est 1. Si l'on multiplie ces deux nombres par 36, le plus grand commun diviseur sera aussi multiplié par 36, et les deux nombres 14×36, 9×36 admettront pour plus grand commun diviseur 1×36 ou 36. Or le nombre 9 divise son multiple 9×36 ; j'ai supposé d'ailleurs qu'il divise le produit 14×36 ; le nombre 9 divise donc à la fois deux nombres 14×36, 9×36, et par conséquent il divise leur plus grand commun diviseur 36.

De la propriété que nous venons d'établir, et qui a une

DES NOMBRES PREMIERS.   69

grande importance; on en déduit un grand nombre d'autres. Nous nous bornerons aux suivantes.

64. *Lorsqu'un nombre premier divise le produit de plusieurs facteurs, il divise au moins l'un d'eux.*

Le nombre premier 7 divise le produit 14×20 de deux facteurs, je dis qu'il divise l'un d'eux. En effet, si 7 divise 20, la propriété se vérifie ; si 7 ne divise pas 20, ce qui a lieu dans le cas actuel, il est premier avec 20 ; car les seuls diviseurs du nombre premier 7 étant 1 et 7, comme 7 ne divise pas 20, les deux nombres 7 et 20 n'admettent pas d'autre commun diviseur que l'unité, et par conséquent sont premiers entre eux. Le nombre 7, qui divise le produit des deux facteurs 14×20, est alors premier avec l'un d'eux 20, et par conséquent, d'après ce qui a été dit précédemment, il divise l'autre facteur 14.

Je considère maintenant un produit de trois facteurs, par exemple $14 \times 20 \times 16$, divisible par un nombre premier 7 ; je dis que l'un des facteurs, au moins, est divisible par 7. En effet, je suppose effectué le produit 14×20 des deux premiers facteurs ; le nombre premier 7 divise le produit des deux nombres 14×20 et 16, et par conséquent divise l'un d'eux. S'il divise 16, la propriété énoncée se vérifie. S'il ne divise pas 16, il divise l'autre nombre 14×20 ; dans ce cas, le nombre premier 7 divise le produit 14×20 de deux facteurs, et l'on sait qu'il doit diviser l'un d'eux, 20 ou 14. Ainsi 7 divise nécessairement l'un des trois facteurs 16, 20, 14.

Ce mode de raisonnement peut être étendu facilement à autant de facteurs que l'on veut. Je suppose que le nombre premier 7 divise un produit de quatre facteurs

$$14 \times 20 \times 16 \times 12,$$

je dis qu'il divise l'un d'eux. Je regarde, en effet, le produit des trois premiers facteurs comme effectué, le nombre 7 divise le produit des deux nombres $14 \times 20 \times 16$ et 12, et par conséquent divise l'un d'eux. S'il divise 12, la propriété se vérifie. S'il ne divise pas 12, il divise l'autre nombre $14 \times 20 \times 16$; dans ce cas, le nombre premier 7 divise un produit de trois facteurs, et par conséquent divise l'un d'eux.

65. *Quand un nombre est divisible séparément par deux nombres premiers entre eux, il est divisible par leur produit.*

Lorsqu'un nombre est divisible séparément par deux nombres, il arrive souvent que ce nombre n'est pas divisible par leur produit. Ainsi, le nombre 72, divisible séparément par 6 et par 8, n'est pas divisible par le produit 48 de ces deux nombres. Mais si les deux diviseurs sont premiers entre eux, on peut affirmer que le dividende est divisible par leur produit.

Soit un nombre 540 divisible séparément par deux nombres 4 et 9, premiers entre eux, je dis qu'il est divisible par le produit 36 de ces deux nombres. En effet 540, étant divisible par 4, égale le produit de 4 par un certain nombre 135,
$$540 = 4 \times 135.$$
Or 9 divise 540, ou le produit 4×135 ; il est premier avec le facteur 4 ; donc il divise l'autre facteur 135. Ce nombre 135, étant divisible par 9, égale le produit de 9 par un certain nombre 15. Si l'on remplace 135 par le produit 9×15, on a
$$540 = 4 \times 9 \times 15.$$
En regardant comme effectué le produit des deux premiers facteurs, on voit que 540 est un multiple de ce produit 36 ; donc le nombre 540 est divisible par 36.

66. On déduit de là un moyen facile de trouver les caractères de divisibilité dans certains cas. Je considère, par exemple, le diviseur 6, produit des deux facteurs 2 et 3, premiers entre eux. Pour qu'un nombre soit divisible par 6, il est nécessaire d'abord que ce nombre soit divisible séparément par 2 et par 3 ; car tout multiple de 6 est nécessairement multiple de 2 et de 3. Cette condition d'ailleurs est suffisante, parce que les facteurs 2 et 3 sont premiers entre eux ; si un nombre est divisible séparément par 2 et par 3, il sera divisible par 6. Ainsi on reconnaît qu'un nombre est divisible par 6, lorsqu'il est terminé par zéro ou par un chiffre pair, et que la somme de ses chiffres est divisible par 3.

De même, 15 étant le produit des deux facteurs 3 et 5, premiers entre eux, un nombre est divisible par 15 quand il est divisible séparément par 3 et par 5. On reconnaît donc qu'un nombre est divisible par 15, quand il est terminé par zéro ou 5, et que la somme de ses chiffres est divisible par 3.

DÉCOMPOSITION D'UN NOMBRE EN SES FACTEURS PREMIERS.
— EN DÉDUIRE LE PLUS PETIT NOMBRE DIVISIBLE PAR DES NOMBRES DONNÉS.

67. Il est clair que tout nombre non premier peut toujours être décomposé en un produit de facteurs premiers. Par exemple, le nombre 42, étant divisible par 2, égale le produit 2×21. Le facteur 21, étant à son tour divisible par 3, égale le produit 3×7 ; de sorte que le nombre 42 se trouve décomposé en un produit de trois facteurs premiers $2 \times 3 \times 7$. On voit par là que les nombres premiers sont en quelque sorte les éléments constitutifs de tous les autres nombres. Nous allons expliquer d'abord comment on s'y prend pour décomposer un nombre en ses facteurs premiers.

Proposons-nous de décomposer le nombre 504. On remarque d'abord que ce nombre, étant terminé par un chiffre pair, est divisible par le facteur premier 2 ; en effectuant la division, on aura
$$504 = 2 \times 252.$$

Le nombre 252 est encore divisible par 2, et l'on a

$$252 = 2 \times 126.$$

Le nombre 126 est encore divisible par 2, et l'on a

$$126 = 2 \times 63.$$

Le nombre 63 n'est plus divisible par 2 ; mais la somme de ses chiffres étant divisible par 3, ce nombre est divisible par 3, et l'on trouve, en effectuant la division,

$$63 = 3 \times 21.$$

Le nombre 21 est encore divisible par 3, et l'on a

$$21 = 3 \times 7.$$

Le nombre 7 étant premier, la décomposition est terminée. On a finalement

$$504 = 2 \times 2 \times 2 \times 3 \times 3 \times 7.$$

On dispose ordinairement l'opération de la manière suivante :

504	2
252	2
126	2
63	3
21	3
7	7

68. On abrége beaucoup l'écriture à l'aide d'une notation que je vais faire connaître. Le produit de plusieurs facteurs égaux à un nombre donné s'appelle une *puissance* de ce nombre ; ainsi $5 \times 5 \times 5$ est la troisième puissance de 5 ; pour simplifier, on représente ce produit par la notation 5^3 ; le petit chiffre 3, placé en haut et à droite pour indiquer le nombre des facteurs, s'appelle un *exposant* ; on l'énonce : cinq puissances trois. Par analogie, le nombre 5 lui-même peut être considéré comme la première puissance de 5 ; on pourra lui supposer un exposant égal à l'unité.

De cette manière, le nombre 504 qui a été décomposé

en trois facteurs 2, deux facteurs 3 et un facteur 7, s'écrira
$$504 = 2^3 \times 3^2 \times 7.$$

Soit encore à décomposer le nombre 1500 en ses facteurs premiers. Au lieu d'opérer comme précédemment, on arrive plus vite au résultat, en observant que $1500 = 15 \times 100$ et décomposant séparément les deux nombres 15 et 100. On a
$$15 = 3 \times 5$$
$$100 = 10 \times 10 = 2 \times 5 \times 2 \times 5;$$
il en résulte que
$$1500 = 2 \times 2 \times 3 \times 5 \times 5 \times 5,$$
ce qu'on écrit plus simplement
$$1500 = 2^2 \times 3 \times 5^3.$$

69. J'ai indiqué la manière de décomposer un nombre en ses facteurs premiers; je vais démontrer maintenant que, quel que soit le procédé de décomposition que l'on emploie, on arrivera toujours au même résultat final; en d'autres termes, qu'*un nombre n'est décomposable qu'en un seul système de facteurs premiers*. Tout se réduit évidemment à démontrer que, lorsque deux produits de facteurs premiers représentent le même nombre, ils sont composés identiquement de la même manière.

Je suppose que le facteur premier 7 se trouve dans le premier produit, il se trouvera aussi dans le second. En effet, le nombre 7, divisant le premier produit, et par conséquent le second qui est égal au premier, divisera l'un des facteurs qui composent ce second produit; comme ces facteurs sont premiers, l'un d'eux sera précisément 7.

Je suppose maintenant que le premier produit renferme le facteur 7 trois fois, c'est-à-dire $7 \times 7 \times 7$ ou 7^3, le second produit renfermera aussi 7^3. Car, si le second produit ne contenait que 7^2, en divisant les deux produits égaux par 7^2, on aurait encore deux produits égaux, l'un renfermant le facteur 7, l'autre ne le renfermant plus, ce qui est impossible.

Ainsi les deux produits égaux sont composés des mêmes facteurs premiers affectés des mêmes exposants. C'est identiquement la même expression.

70. La décomposition des nombres en facteurs premiers permet de résoudre presque instantanément un grand nombre de questions sur les nombres.

1° Je remarque d'abord que, pour avoir le produit de deux puissances d'un même nombre, il suffit d'ajouter les exposants. Soit le produit $7^3 \times 7^2$. En décomposant chaque puissance en ses facteurs, on a

$$7^3 \times 7^2 = 7 \times 7 \times 7 \times 7 \times 7.$$

Or, ce produit de cinq facteurs égaux à 7 n'est autre chose que 7^5.

2° Je considère maintenant deux nombres quelconques décomposés en leurs facteurs premiers, par exemple

$$360 = 2^3 \times 3^2 \times 5.$$
$$336 = 2^4 \times 3 \times 7.$$

Le produit de ces deux nombres est

$$360 \times 336 = 2^3 \times 3^2 \times 5 \times 2^4 \times 3 \times 7.$$

En réunissant les facteurs $2^3 \times 2^4$, ce qui se fait par l'addition des exposants, on a 2^7. De même le produit $3^2 \times 3$ donne 3^3; car l'on peut considérer le second facteur comme étant affecté de l'exposant 1. Ainsi on a pour le produit demandé

$$360 \times 336 = 2^7 \times 3^3 \times 5 \times 7,$$

et l'on voit que l'on effectue la multiplication en ajoutant les exposants des facteurs premiers qui entrent dans les deux nombres et écrivant les autres à la suite.

3° Quand deux nombres sont décomposés en facteurs premiers, il est aisé de reconnaître si le plus grand est divisible

DES NOMBRES PREMIERS.   75

par le plus petit; il faut pour cela que le premier renferme tous les facteurs premiers du second avec des exposants au moins égaux. Car le nombre dividende, étant égal au produit du diviseur par le quotient, contient tous les facteurs premiers du diviseur et en outre ceux du quotient. Ainsi on voit immédiatement que le nombre $2^5 \times 3^3 \times 5 \times 7$ est divisible par le nombre $2^3 \times 3^2 \times 5$. On effectue la division en retranchant les exposants du diviseur des exposants des mêmes facteurs dans le dividende, et écrivant à la suite les facteurs du dividende qui n'entrent pas dans le diviseur. Le quotient est ici $2^2 \times 3 \times 7$; car en multipliant le diviseur par le quotient, on reproduit le dividende.

Plus grand commun diviseur.

71. Quand les nombres sont décomposés en facteurs premiers, on obtient de suite leur plus grand commun diviseur. En effet, tout diviseur commun de plusieurs nombres se compose évidemment de facteurs premiers communs aux différents nombres proposés; en prenant tous les facteurs premiers communs, on aura le plus grand commun diviseur. Soient, par exemple, les nombres

$$360 = 2^3 \times 3^2 \times 5,$$
$$900 = 2^2 \times 3^2 \times 5^2,$$
$$336 = 2^4 \times 3 \times 7.$$

Il y a deux facteurs 2 et un facteur 3 communs à ces trois nombres; leur plus grand commun diviseur est $2^2 \times 3$. Ainsi *le plus grand commun diviseur de plusieurs nombres se compose des facteurs premiers communs à ces différents nombres, affectés chacun de son plus petit exposant.*

72. On reconnaît que deux nombres sont premiers entre eux lorsqu'ils n'ont pas de facteur premier commun; car alors ces deux nombres n'ont pas d'autre commun diviseur que l'unité. Ainsi les deux nombres

$$308 = 2^2 \times 7 \times 11,$$
$$75 = 3 \times 5^2,$$

n'ayant pas de facteur premier commun, sont premiers entre eux.

Il est bon de remarquer que *lorsque deux nombres sont premiers entre eux, deux puissances quelconques de ces deux nombres sont aussi premières entre elles.* Car les deux nombres donnés étant premiers entre eux, n'ont pas de facteur commun; les puissances de ces deux nombres, se composant respectivement des mêmes facteurs que les nombres eux-mêmes, n'auront pas non plus de facteur commun, et par conséquent seront premières entre elles.

Considérons, par exemple, les deux nombres

$$28 = 2^2 \times 7,$$
$$15 = 3 \times 5,$$

premiers entre eux. Si l'on élève le premier à la deuxième puissance, le second à la troisième, on aura

$$28^2 = 2^4 \times 7^2,$$
$$15^3 = 3^3 \times 5^3.$$

Ces deux nombres 28^2 et 15^3, n'ayant pas de facteur commun, sont aussi premiers entre eux.

Plus petit multiple.

73. On appelle plus petit multiple de plusieurs nombres le plus petit nombre divisible à la fois par chacun d'eux. Un nombre divisible à la fois par plusieurs autres doit renfermer évidemment les facteurs premiers de chacun d'eux. Soient les nombres

$$360 = 2^3 \times 3^2 \times 5,$$
$$900 = 2^2 \times 3^2 \times 5^2,$$
$$336 = 2^4 \times 3 \times 7.$$

Tout nombre, divisible à la fois par chacun d'eux, renfermera au moins 4 facteurs 2, deux facteurs 3, deux facteurs 5 et un facteur 7. On obtiendra le plus petit multiple des nombres proposés en ne prenant que les facteurs que l'on vient d'énumérer, et qui sont strictement nécessaires, ce qui donne

$$2^4 \times 3^2 \times 5^2 \times 7 = 25200.$$

Ainsi le plus petit multiple de plusieurs nombres se compose de tous les facteurs premiers qui entrent dans ces différents nombres, affectés chacun de son plus fort exposant.

Les quotients du plus petit multiple par chacun des nombres donnés sont ici

$$2 \times 5 \times 7 = 70,$$
$$2^2 \times 7 = 28,$$
$$3 \times 5^2 = 75.$$

Lorsque deux nombres sont premiers entre eux, ces deux nombres n'ayant pas de facteur commun, leur plus petit multiple est le produit même de ces deux nombres. Par exemple, les deux nombres

$$28 = 2^2 \times 7,$$
$$15 = 3 \times 5,$$

premiers entre eux, ont pour plus petit multiple le nombre

$$2^2 \times 3 \times 5 \times 7,$$

qui est le produit même des deux nombres donnés.

LIVRE III.

DES FRACTIONS.

CHAPITRE I.

DES FRACTIONS ORDINAIRES.

Mesure des grandeurs.

74. On appelle *grandeur* tout ce qui est susceptible d'augmentation ou de diminution.

Il faut distinguer deux sortes de grandeurs. Certaines grandeurs, comme une compagnie de soldats, un monceau de pommes, sont des collections d'unités ; si l'on compte combien de soldats renferme la compagnie, combien de pommes le monceau, on obtient un *nombre*. C'est là l'origine du nombre, et c'est sous ce point de vue que nous l'avons étudié jusqu'à présent.

Il est d'autres grandeurs que l'on nomme *continues*, parce qu'on peut les augmenter ou les diminuer d'aussi peu qu'on veut ; la longueur d'un fil, la capacité d'un vase, la durée d'un phénomène, sont des grandeurs continues. Les grandeurs de cette nature ne renferment pas en elles l'idée de nombre ; cependant il est possible de les représenter par des nombres et c'est là une première application très-importante de la science des nombres.

En effet, si l'on veut évaluer les longueurs, par exemple, on choisira l'une d'elles pour servir de terme de comparaison, et l'on cherchera combien de fois cette longueur est contenue dans chacune des autres. Si elle est contenue

DES FRACTIONS ORDINAIRES.

5 fois dans une première, 12 fois dans une seconde, ces longueurs seront représentées, l'une par le nombre 5, l'autre par le nombre 12.

75. On appelle *unité* la grandeur prise pour servir de terme de comparaison à toutes les grandeurs de même espèce.

Mesurer une grandeur, c'est la comparer à son unité; c'est chercher combien d'unités et de parties d'unité elle renferme.

1° Lorsque l'unité est contenue exactement dans la grandeur, 5 fois, par exemple, il n'y a pas de difficulté, la grandeur est exprimée par le nombre 5.

2° Lorsque la grandeur à mesurer est plus petite que l'unité, on partage cette dernière en un certain nombre de parties égales, et l'on cherche combien de parties renferme la grandeur. Je suppose que, l'unité ayant été partagée en douze parties égales, la grandeur renferme 7 parties exactement; on dira que la grandeur est les 7 *douzièmes* de l'unité, ou qu'elle est exprimée par la fraction SEPT *douzièmes*.

3° Lorsque la grandeur à mesurer est plus grande que l'unité, et qu'elle ne la contient pas exactement, elle se compose d'un certain nombre d'unités et d'un reste plus petit que l'unité, reste que l'on évalue par une fraction, ainsi qu'il a été expliqué. De cette manière la grandeur est représentée par un nombre augmenté d'une fraction.

Par extension d'idée, on a appelé *nombre*, en général, la mesure d'une grandeur au moyen de l'unité; le nombre proprement dit a été distingué par la qualification de *nombre entier*; la fraction est considérée comme un nombre plus petit que l'unité, enfin un nombre entier augmenté d'une fraction constitue un *nombre fractionnaire*.

Les grandeurs, quand elles sont ainsi mesurées ou représentées par des nombres, portent le nom de *quantités*.

Je reprends en détail les définitions que je viens de donner.

Définitions.

76. *Lorsqu'on partage l'unité en plusieurs parties égales, et qu'on prend un certain nombre de ces parties, on a ce qu'on appelle une* FRACTION.

Je partage l'unité en cinq parties égales, et je prends trois de ces parties ; j'ai la fraction TROIS *cinquièmes*.

Le nombre qui indique en combien de parties on a partagé l'unité s'appelle *dénominateur* ; le nombre qui indique combien on prend de parties s'appelle *numérateur*. Dans l'exemple précédent, 5 est le dénominateur, 3 le numérateur.

On énonce une fraction en disant d'abord le numérateur, puis le dénominateur, que l'on fait suivre de la terminaison *ième*.

On écrit une fraction en mettant le dénominateur au-dessous du numérateur, et séparant les deux nombres par un trait horizontal. Ainsi la fraction TROIS *cinquièmes* s'écrit
$$\frac{3}{5}.$$

De même, si l'on partage l'unité en trente-sept parties égales, et que l'on prenne vingt-quatre de ces parties, on aura la fraction VINGT-QUATRE *trente-septièmes*, qui s'écrit
$$\frac{24}{37}.$$

77. On appelle *nombre fractionnaire* un nombre entier augmenté d'une fraction. Ainsi $7 + \frac{3}{5}$ est un nombre fractionnaire.

Il est aisé de mettre un nombre fractionnaire sous forme de fraction. Je remarque en effet que, puisqu'une unité vaut cinq *cinquièmes*, sept unités valent sept fois cinq *cinquièmes*, ou trente-cinq *cinquièmes* ; j'ajoute les trois *cinquièmes*, j'ai trente-huit *cinquièmes*. Ainsi :

$$7 + \frac{3}{5} = \frac{38}{5}.$$

RÈGLE. *Pour mettre un nombre fractionnaire sous la forme*

d'une fraction ordinaire, on multiplie l'entier par le dénominateur de la fraction, et on ajoute au produit le numérateur.

Puisqu'on peut mettre ainsi un nombre entier ou un nombre fractionnaire sous la forme d'une fraction, on a étendu la dénomination de fraction aux nombres en général. Lorsque le numérateur de la fraction est plus petit que le dénominateur, la fraction représente une quantité plus petite que l'unité; c'est une fraction proprement dite. Quand le numérateur est plus grand que le dénominateur, la fraction représente une quantité plus grande que l'unité ; elle tient la place d'un nombre entier ou fractionnaire. Enfin, quand le numérateur est égal au dénominateur, la fraction désigne l'unité elle-même.

Je considère, par exemple, la fraction $\frac{38}{5}$. Puisqu'avec cinq *cinquièmes* on forme une unité, autant de fois 38 *cinquièmes* contiendront 5 *cinquièmes*, autant la fraction $\frac{38}{5}$ contiendra d'unités; or 38 contient 5 sept fois, et il reste 3 ; donc

$$\frac{38}{5} = 7 + \frac{3}{5}.$$

RÈGLE. *Pour extraire les entiers contenus dans une fraction dont le numérateur est plus grand que le dénominateur, on divise le numérateur par le dénominateur.*

UNE FRACTION NE CHANGE PAS DE VALEUR QUAND ON MULTIPLIE OU QUAND ON DIVISE SES DEUX TERMES PAR UN MÊME NOMBRE.

78. Je remarque d'abord que *lorsqu'on rend le numérateur d'une fraction un certain nombre de fois plus grand ou plus petit, la fraction devient le même nombre de fois plus grande ou plus petite.*

Il est évident que si, sans changer le dénominateur, on augmente le numérateur, la fraction augmente; car les parties restent les mêmes, et on en prend un plus grand nombre. Si on rend le numérateur deux, trois... fois plus grand, on prend un nombre de parties deux, trois... fois plus grand, ce qui donne une quantité deux, trois... fois plus grande. Ainsi, en multipliant par 3 le numérateur de la fraction $\frac{4}{7}$, on prend un nombre de septièmes trois fois plus grand, ce qui donne une nouvelle fraction $\frac{12}{7}$ trois fois plus grande que la première.

De même, en divisant le numérateur de la fraction $\frac{12}{7}$ par 3, on obtient une fraction $\frac{4}{7}$, trois fois plus petite que la première.

79. Je remarque en outre que, *lorsqu'on rend le dénominateur d'une fraction un certain nombre de fois plus grand ou plus petit, la fraction devient le même nombre de fois plus petite ou plus grande.*

Si, sans changer le numérateur, on augmente le dénominateur, il est clair que la fraction diminue; car l'unité étant partagée en un plus grand nombre de parties égales, les parties deviennent plus petites, et, comme on en prend le même nombre, on a une quantité plus petite.

Pour fixer les idées, je suppose que l'on multiplie par 3 le dénominateur de la fraction $\frac{4}{7}$, ce qui donne la fraction $\frac{4}{21}$. Pour former la première faction $\frac{4}{7}$, on a partagé l'unité en sept parties égales; je subdivise chacune de ces parties en trois parties égales; l'unité se trouve ainsi divisée en 3 fois 7, ou en 24 parties égales. Avec un seul *septième*, j'ai formé par ce moyen TROIS *vingt-et-unièmes*; le *vingt-et-unième* est donc trois fois plus petit que le *septième*; et, comme on prend le même nombre de parties de part et d'autre, la seconde fraction est trois fois plus petite que la première.

En divisant par 3 le dénominateur de la fraction $\frac{4}{21}$, on obtient de même une fraction $\frac{4}{7}$, trois fois plus grande que la première.

80. Supposons maintenant que l'on multiplie par un

même nombre 3 les deux termes de la fraction $\frac{4}{7}$. Si l'on multiplie d'abord le numérateur par 3, on obtient une fraction $\frac{4\times 3}{7}$ trois fois plus grande que la première ; si l'on multiplie ensuite le dénominateur de cette seconde fraction par 3, on obtient une troisième fraction $\frac{4\times 3}{7\times 3}$, trois fois plus petite que la seconde ; donc cette dernière fraction $\frac{4\times 3}{7\times 3}$ ou $\frac{12}{21}$ est égale à la première $\frac{4}{7}$. En un mot, on voit que la fraction, devenant d'abord trois fois plus grande, puis trois fois plus petite, reprend sa valeur primitive. Ainsi *la valeur d'une fraction ne change pas quand on multiplie ses deux termes par un même nombre.*

81. Supposons actuellement que l'on divise par un même nombre 3 les deux termes d'une fraction $\frac{12}{21}$. Si l'on divise d'abord par 3 le numérateur, on obtient une seconde fraction $\frac{4}{21}$, trois fois plus petite que la première ; si l'on divise ensuite par 3 le dénominateur de cette seconde fraction, on obtient une troisième fraction $\frac{4}{7}$, trois fois plus grande que la seconde ; donc cette dernière fraction $\frac{4}{7}$ est égale à la première $\frac{12}{21}$. En un mot, on voit que la fraction, devenant d'abord trois fois plus petite, puis trois fois plus grande, reprend sa valeur primitive. Ainsi *la valeur d'une fraction ne change pas quand on divise ses deux termes par un même nombre.*

RÉDUCTION D'UNE FRACTION A SA PLUS SIMPLE EXPRESSION.

82. Plus une fraction est simple, plus l'esprit conçoit aisément la grandeur qu'elle représente ; ainsi on se figure parfaitement les quantités $\frac{2}{3}, \frac{4}{5}, \frac{6}{7}$; mais si la fraction est compliquée, comme $\frac{720}{1620}$, on a plus de peine à concevoir la grandeur qu'elle représente ; il importe donc de simplifier les fractions autant que possible. Simplifier une fraction, c'est trouver une fraction égale à la fraction proposée, et composée de termes plus petits. Le principe que nous venons d'établir nous fournit immédiatement un procédé de simplification ; toutes les fois que l'on apercevra un diviseur commun aux deux termes d'une fraction, on divisera ces deux termes par le diviseur commun, et l'on obtiendra de la sorte une fraction égale à la proposée et plus simple qu'elle.

Soit la fraction $\frac{720}{1620}$. En divisant les deux termes d'abord par 10, puis par 2 et par 9, on forme une série de fractions égales :

$$\frac{720}{1620}, \quad \frac{72}{162}, \quad \frac{36}{81}, \quad \frac{4}{9}.$$

Ainsi la fraction proposée est égale à la fraction plus simple $\frac{4}{9}$.

Puisque cette dernière a ses deux termes premiers entre eux, on ne peut plus la simplifier par division ; mais il n'est pas évident qu'on ne puisse le faire par un autre procédé, en retranchant, par exemple, de ses deux termes des nombres convenables. Il importe donc de rechercher à quels caractères on reconnaît qu'une fraction est *irréductible*, c'est-à-dire ne peut être exprimée par des termes plus simples.

83. Je vais démontrer que *lorsque les deux termes d'une fraction sont premiers entre eux, cette fraction est irréductible.*

Soit, par exemple, la fraction $\frac{4}{9}$ dont les deux termes 4 et 9 sont premiers entre eux. Considérons une fraction quelconque, telle que $\frac{12}{27}$, égale à la première. Je multiplie par 27 les deux termes de la première, par 9 les deux termes de la seconde ; les deux fractions ne changent pas de valeur et se mettent sous la forme

$$\frac{4\times 27}{9\times 27} = \frac{12\times 9}{27\times 9}.$$

Ces fractions étant égales et ayant même dénominateur,

DES FRACTIONS ORDINAIRES. 85

doivent avoir nécessairement leurs numérateurs égaux; on aura donc
$$4 \times 27 = 12 \times 9.$$
Le nombre 9 divisant le produit 12×9, doit diviser le produit égal 4×27; mais il est premier avec le facteur 4; donc il divise l'autre facteur 27. Ainsi le dénominateur 27 de la seconde fraction est un multiple du dénominateur 9 de la première; ce multiple est ici 9×3. Si dans l'égalité précédente, on remplace 27 par 9×3, il vient
$$4 \times 9 \times 3 = 12 \times 9,$$
et, en divisant par 9 ces deux produits égaux,
$$4 \times 3 = 12.$$
Ainsi le numérateur 12 de la seconde fraction est aussi un multiple du numérateur 4 de la première. De cette manière les deux termes 27 et 12 de la seconde fraction sont les produits 9×3 et 4×3 des deux termes de la première par un même nombre 3; ce qu'on exprime en disant que 27 et 12 sont des équimultiples de 9 et de 4.

Il résulte de là que, lorsqu'une fraction $\frac{4}{9}$ a ses deux termes premiers entre eux, toute fraction $\frac{12}{27}$ égale à la première, a ses deux termes équimultiples de ceux de la première. Toute fraction égale à la fraction $\frac{4}{9}$ est donc formée de termes respectivement plus grands que ceux de la fraction $\frac{4}{9}$; il n'existe donc pas de fraction égale à la fraction $\frac{4}{9}$ et formée de termes plus simples; en un mot, la fraction $\frac{4}{9}$ est irréductible. Ainsi, lorsque les deux termes d'une fraction sont premiers entre eux, la fraction est irréductible.

84. Réduire une fraction à sa plus simple expression, c'est la transformer en une fraction irréductible égale. Nous avons réduit la fraction $\frac{720}{1620}$ à sa plus simple expression, en divisant ses deux termes par 10, puis par 2 et par 9, ce qui donne la fraction irréductible $\frac{4}{9}$; mais on opère tout d'un coup la réduction d'une fraction à sa plus simple expression en divisant ses deux termes par leur plus grand commun diviseur; car la fraction égale que l'on obtient de cette manière a ses deux termes premiers entre eux, et par conséquent est irréductible. Ainsi en divisant les deux termes de la fraction $\frac{720}{1620}$ par leur plus grand commun diviseur 180, on arrive de suite à la fraction irréductible $\frac{4}{9}$, trouvée précédemment par divisions successives.

Dans la pratique, au lieu de chercher le plus grand commun diviseur, il est préférable en général de supprimer successivement tous les facteurs communs que l'on aperçoit dans les deux termes de la fraction; quand il n'y a plus de facteur commun, les deux termes sont premiers entre eux, et la fraction réduite à sa plus simple expression.

Exemples :

$$\frac{8}{12} = \frac{4}{6} = \frac{2}{3},$$
$$\frac{18}{30} = \frac{9}{15} = \frac{3}{5},$$
$$\frac{36}{54} = \frac{18}{27} = \frac{2}{3},$$
$$\frac{525}{750} = \frac{105}{150} = \frac{21}{30} = \frac{7}{10}.$$

On a divisé les deux termes de la première fraction deux fois par 2, ceux de la seconde par 2 et par 3, ceux de la troisième par 2 et par 9, ceux de la quatrième deux fois par 5 puis par 3.

RÉDUCTION DES FRACTIONS AU MÊME DÉNOMINATEUR. — PLUS PETIT COMMUN DÉNOMINATEUR.

85. On compare aisément des fractions qui ont même dénominateur, comme $\frac{5}{12}$ et $\frac{7}{12}$. Puisqu'on a des parties égales, des douzièmes, de part et d'autre, il suffit de comparer les numérateurs ; dans l'exemple précédent, on voit immédiatement que c'est la seconde fraction qui est la plus grande. On comprend par là combien il est utile de savoir réduire

DES FRACTIONS ORDINAIRES. 87

les fractions au même dénominateur, c'est-à-dire de savoir trouver des fractions respectivement égales à des fractions données et ayant même dénominateur.

Je considère d'abord deux fractions $\frac{3}{5}$ et $\frac{4}{7}$. Si l'on multiplie les deux termes de la première par le dénominateur 7 de la seconde, on obtient la fraction égale $\frac{3\times7}{5\times7}$. En multipliant de même les deux termes de la seconde fraction par le dénominateur 5 de la première, on obtient la fraction égale $\frac{4\times5}{7\times5}$. Or les dénominateurs des deux nouvelles fractions sont égaux, comme produits des deux mêmes facteurs. Ainsi les deux fractions $\frac{3}{5}$ et $\frac{4}{7}$, réduites au même dénominateur, deviennent $\frac{21}{35}$ et $\frac{20}{35}$.

Règle. *Pour réduire deux fractions au même dénominateur, on multiplie les deux termes de chacune d'elles par le dénominateur de l'autre.*

86. Je considère maintenant un nombre quelconque de fractions

$$\frac{3}{5},\ \frac{1}{6},\ \frac{4}{7},\ \frac{10}{11}.$$

Si je multiplie les deux termes de chacune d'elles successivement par les dénominateurs de toutes les autres, j'obtiens les fractions

$$\frac{3\times6\times7\times11}{5\times6\times7\times11},\ \frac{5\times7\times11}{6\times5\times7\times11},\ \frac{4\times5\times6\times11}{7\times5\times6\times11},\ \frac{10\times5\times6\times7}{11\times5\times6\times7},$$

respectivement égales aux proposées et ayant même dénominateur. Ce dénominateur commun est le produit des dénominateurs des fractions proposées.

Règle. *Pour réduire plusieurs fractions au même dénominateur, on multiplie les deux termes de chacune d'elles par le produit des dénominateurs de toutes les autres.*

Dans l'exemple proposé, le dénominateur commun est

2310, et il faut multiplier les numérateurs respectivement par 462, 385, 330, 210, ce qui donne

$$\frac{1386}{2310},\ \frac{385}{2310},\ \frac{1320}{2210},\ \frac{2100}{2310}.$$

Plus petit commun dénominateur.

87. Il est possible ordinairement d'abréger beaucoup les calculs. En effet, puisque l'on transforme chacune des fractions données en multipliant ses deux termes par un certain nombre, le commun dénominateur est un multiple commun de tous les dénominateurs ; et réciproquement tout multiple commun peut servir de commun dénominateur. La question revient donc à la détermination d'un multiple commun des dénominateurs des fractions proposées ; on prendra de préférence le plus petit multiple. Il en résulte que *pour réduire plusieurs fractions au même dénominateur, il suffit de chercher le plus petit multiple de tous les dénominateurs, et de prendre ce plus petit multiple pour dénominateur commun.*

Exemples : I. Soient les fractions

$$\frac{7}{12},\ \frac{13}{18},\ \frac{5}{36}.$$

Ici le plus grand dénominateur 36 est divisible exactement par chacun des autres ; c'est le plus petit multiple ; on le prendra pour dénominateur commun. Ce nombre 36, divisé par 12 et par 18, donne pour quotients 3 et 2 ; on multipliera le numérateur de la première fraction par 3, celui de la seconde par 2, et l'on obtiendra les fractions

$$\frac{21}{36},\ \frac{26}{36},\ \frac{5}{36}.$$

II. Soient les fractions

$$\frac{7}{12},\ \frac{13}{18},\ \frac{19}{24},\ \frac{5}{36}.$$

DES FRACTIONS ORDINAIRES.

Le plus grand dénominateur 36 est divisible par les deux premiers dénominateurs, mais il ne l'est pas par le troisième 24 ; il suffit de chercher un multiple de 36 divisible par 24. On voit tout de suite que 36×2 ou 72 est divisible par 24 ; ce nombre 72 est donc le plus petit multiple ; on le prendra pour dénominateur commun. Les fractions proposées deviennent ainsi

$$\frac{42}{72},\ \frac{52}{72},\ \frac{57}{72},\ \frac{10}{72}.$$

III. Mais on n'aperçoit pas toujours immédiatement un multiple du plus grand dénominateur divisible par tous les autres ; dans ce cas, on procédera à la recherche du plus petit multiple par la décomposition en facteurs premiers. Je vais indiquer sur un exemple la manière de disposer les calculs :

fractions proposées.		plus petit multiple.		fractions réduites au même dénom.
$\dfrac{7}{20}$	$20 = 2^2 . 5$		$2 . 3^2 = 18$	$\dfrac{126}{360}$
$\dfrac{11}{24}$	$24 = 2^3 . 3$		$3 . 5 = 15$	$\dfrac{165}{360}$
$\dfrac{23}{36}$	$36 = 2^2 . 3^2$	$2^3 . 3^2 . 5 = 360$	$2 . 5 = 10$	$\dfrac{230}{360}$
$\dfrac{17}{45}$	$45 = 3^2 . 5$		$2^3 = 8$	$\dfrac{136}{360}$

Après avoir décomposé les dénominateurs en facteurs premiers et écrit leur plus petit multiple, on a calculé les quotients du plus petit multiple par chacun des dénominateurs ; c'est par ces nombres 18, 15, 10 et 8 qu'il faudra multiplier les numérateurs.

Si l'on avait opéré d'après la première méthode, on aurait pris pour dénominateur commun le produit 777600 des dénominateurs, nombre beaucoup plus grand que 360.

Il est un cas où la seconde méthode revient à la première ; c'est lorsque les dénominateurs sont premiers entre eux deux à deux ; alors le plus petit multiple n'est autre chose que le produit même des dénominateurs.

OPÉRATIONS SUR LES FRACTIONS ORDINAIRES.

Addition.

88. Les définitions données pour l'addition et la soustraction des nombres entiers s'appliquent aux quantités en général. *L'addition a pour but de réunir en une seule plusieurs quantités de même espèce. La soustraction a pour but de retrancher une quantité d'une autre quantité plus grande de même espèce.* Si, par exemple, on place à la suite les unes des autres plusieurs longueurs données, on fait une addition.

Lorsque les fractions données ont même dénominateur, on a des parties égales à additionner ; pour trouver combien de parties renferme la somme, il suffit évidemment d'additionner les numérateurs. Soit à ajouter les fractions $\frac{3}{12}$ et $\frac{4}{12}$; si l'on ajoute 3 *douzièmes* à 4 *douzièmes* on a 7 *douzièmes*, c'est-à-dire la fraction $\frac{7}{12}$.

Soit encore à additionner les fractions

$$\frac{3}{4}, \frac{1}{6}, \frac{5}{9}, \frac{7}{12}.$$

On commencera par les réduire au même dénominateur 36, puis on ajoutera les numérateurs, ce qui donne

$$\frac{27}{36}+\frac{6}{36}+\frac{20}{36}+\frac{21}{36}=\frac{74}{36}=2+\frac{2}{36}=2+\frac{1}{18}.$$

RÈGLE. *Pour additionner des fractions, on les réduit au même dénominateur, puis on additionne les numérateurs.*

Pour additionner des nombres fractionnaires, on additionne d'abord les fractions, puis les entiers, en tenant compte du nombre entier fourni par la somme des fractions. Soit à ajouter les nombres fractionnaires

$$10+\frac{3}{4}, \ 7+\frac{1}{6}, \ \frac{5}{9}, \ 1+\frac{7}{12}.$$

DES FRACTIONS ORDINAIRES.   91

Les fractions étant réduites au même dénominateur 36, ont pour somme $\frac{74}{36}$, ou $2+\frac{2}{36}$, ou $2+\frac{1}{18}$. La partie entière 2 ajoutée aux entiers donne 20. La somme cherchée est donc $20+\frac{1}{18}$.

89. Lorsque les deux fractions ont même dénominateur, on retranche le plus petit numérateur du plus grand. De $\frac{7}{12}$ retrancher $\frac{4}{12}$. Si de 7 *douzièmes* on retranche 4 *douzièmes*, il reste 3 *douzièmes*, c'est-à-dire la fraction $\frac{3}{12}$.

Lorsque les fractions n'ont pas même dénominateur, on les réduit préalablement au même dénominateur. Ainsi :

$$\frac{11}{12}-\frac{4}{9}=\frac{33}{36}-\frac{16}{36}=\frac{17}{36}.$$

RÈGLE. *Pour trouver la différence de deux fractions, on les réduit au même dénominateur, puis on prend la différence des numérateurs.*

Pour retrancher un nombre fractionnaire d'un nombre fractionnaire, on réduit d'abord les deux fractions au même dénominateur, puis on retranche la fraction de la fraction et l'entier de l'entier.

EXEMPLES : I. De $20+\frac{11}{12}$ retrancher $6+\frac{4}{9}$.

$$20+\frac{33}{36}$$
$$6+\frac{16}{36}$$
$$\overline{14+\frac{17}{36}}.$$

II. De $20+\frac{4}{9}$ retrancher $6+\frac{11}{12}$.

$$20+\frac{16}{36}$$
$$6+\frac{33}{36}$$
$$\overline{13+\frac{19}{36}}.$$

Ici la fraction inférieure est plus grande que la fraction supérieure. On ajoute à cette dernière une unité ou $\frac{36}{36}$, ce qui donne $\frac{52}{36}$; de $\frac{52}{36}$ ôtez $\frac{33}{36}$, il reste $\frac{19}{36}$. Pour que la différence ne change pas, on ajoute une unité au nombre 6 ; de 20 ôtez 7, il reste 13.

III. de 1 retrancher $\frac{4}{9}$.

$$1 - \frac{4}{9} = \frac{9}{9} - \frac{4}{9} = \frac{9-4}{9} = \frac{5}{9}.$$

IV. De $\frac{14}{9}$ retrancher 1.

$$\frac{14}{9} - 1 = \frac{14}{9} - \frac{9}{9} = \frac{14-9}{9} = \frac{5}{9}.$$

Multiplication.

90. CAS OÙ LE MULTIPLICATEUR EST ENTIER. La définition que nous avons donnée de la multiplication subsiste dans le cas où le multiplicateur est un nombre entier, le multiplicande étant d'ailleurs une quantité quelconque. *Multiplier une quantité par un nombre entier, c'est la répéter autant de fois qu'il y a d'unités dans le nombre entier.* Multiplier une longueur par 4, c'est la répéter quatre fois, c'est ajouter à la suite les unes des autres quatre longueurs égales à la longueur donnée.

Soit à multiplier par 4 la fraction $\frac{5}{7}$. Il s'agit de répéter 4 fois le multiplicande ; 4 fois 5 *septièmes* font 20 *septièmes*, c'est-à-dire la fraction $\frac{20}{7}$. Ainsi on *multiplie une fraction par un nombre entier en multipliant le numérateur par ce nombre entier.*

De même le produit de $\frac{5}{12}$ par 4 est $\frac{5 \times 4}{12}$; mais on peut simplier cette fraction en divisant les deux termes par 4, ce qui donne $\frac{5}{3}$ pour le produit demandé. On serait arrivé directement à ce résultat en remarquant que l'on rend la fraction $\frac{5}{12}$ quatre fois plus grande en divisant son dénominateur par 4.

Si l'on avait à multiplier un nombre fractionnaire par un

DES FRACTIONS ORDINAIRES. 93

nombre entier, on multiplierait d'abord la fraction, puis l'entier en ajoutant au produit l'entier fourni par la fraction. Ainsi :

$$\left(3+\frac{5}{7}\right)\times 4 = 14+\frac{6}{7}.$$

On opère en disant : 4 fois $\frac{5}{7}$ font $\frac{20}{7}$ ou $2+\frac{6}{7}$; je pose $\frac{6}{7}$ et retiens 2 unités ; 4 fois 3 font 12 et 2 font 14.

91. Cas ou le multiplicateur est fractionnaire. La définition de la multiplication, dont nous nous sommes servis jusqu'à présent, n'a plus de sens quand le multiplicateur est une fraction ; il devient nécessaire de donner à cette définition une signification plus étendue. Nous dirons :

Multiplier, c'est répéter plusieurs fois une partie déterminée du multiplicande.

Ainsi multiplier par $\frac{3}{5}$, c'est répéter 3 fois la cinquième partie du multiplicande. Multiplier par $\frac{1}{5}$, c'est prendre la cinquième partie du multiplicande.

Cette définition nouvelle ne comporte plus nécessairement en elle l'idée d'augmentation. Si le multiplicateur est plus grand que l'unité, le produit sera en effet plus grand que le multiplicande ; mais si le multiplicateur est plus petit que l'unité, le produit sera plus petit que le multiplicande. La multiplication ainsi entendue n'est plus une opération simple, elle contient une double opération : 1° division du multiplicande en parties égales ; 2° répétition d'une des parties. C'est la combinaison d'une division et d'une multiplication proprement dites.

J'explique maintenant pourquoi cette double opération a été appelée multiplication. Proposons-nous la question suivante : combien coûte une certaine quantité d'étoffe, connaissant le prix du mètre? Si la quantité d'étoffe est un nombre entier de mètres, 8 mètres par exemple, il faut répéter le prix du mètre 8 fois ; c'est là une multiplication dans l'acception ordinaire du mot. Si l'on demande combien coûtent $\frac{3}{5}$ de mètre, il faudra répéter 3 fois le cinquième du prix d'un mètre. L'opération qu'il faut faire dans le second cas, pour trouver le prix de la quantité d'étoffe, a été appelée par analogie *multiplication*.

Soit donc à multiplier $\frac{4}{7}$ par $\frac{3}{5}$. D'après notre définition, il faut répéter trois fois la cinquième partie du multiplicande. On obtient la cinquième partie du multiplicande en multipliant le dénominateur par 5, ce qui donne $\frac{4}{7\times 5}$; on répète ensuite trois fois cette partie en multipliant le numérateur par 3. Le produit cherché est donc $\frac{4\times 3}{7\times 5}$ ou $\frac{12}{35}$. Ainsi :

$$\frac{4}{7} \times \frac{3}{5} = \frac{4\times 3}{7\times 5} = \frac{12}{35}.$$

Règle. *Pour multiplier deux fractions, on multiplie numérateur par numérateur, dénominateur par dénominateur.*

Remarques.

92. Tous les cas qui peuvent se présenter se ramènent au précédent.

Si l'on a à multiplier un entier par une fraction, en mettant le nombre entier sous la forme d'une fraction ayant pour dénominateur l'unité, on aura

$$4 \times \frac{3}{5} = \frac{4}{1} \times \frac{3}{5} = \frac{12}{5} = 2 + \frac{2}{5}.$$

On serait d'ailleurs arrivé au même résultat en prenant directement les trois cinquièmes du multiplicande.

Si l'on veut multiplier un nombre fractionnaire par une fraction ou par un nombre fractionnaire, on mettra préalablement les nombres fractionnaires sous la forme de fraction. Ainsi :

$$\left(8+\frac{4}{7}\right)\times\frac{3}{5}=\frac{60}{7}\times\frac{3}{5}=\frac{180}{35}=\frac{36}{7}=5+\frac{1}{7}.$$

$$\left(8+\frac{4}{7}\right)\times\left(1+\frac{3}{5}\right)=\frac{60}{7}\times\frac{8}{5}=\frac{480}{35}=\frac{96}{7}=13+\frac{5}{7}.$$

DES FRACTIONS ORDINAIRES.

93. Les propriétés des produits de plusieurs facteurs, que nous avons démontrées, lorsque les facteurs sont entiers (n^{bs} 30 à 34), subsistent quand les facteurs sont fractionnaires. J'examine d'abord la propriété fondamentale, savoir : le produit ne change pas quand on intervertit l'ordre des facteurs. Le produit

$$\frac{3}{4} \times \frac{5}{7} \times \frac{8}{9} \times \frac{7}{10} = \frac{3 \times 5 \times 8 \times 7}{4 \times 7 \times 9 \times 10}$$

est une fraction qui a pour numérateur le produit des numérateurs et pour dénominateur le produit des dénominateurs. Or, si l'on intervertit l'ordre des facteurs fractionnaires, on intervertit simplement l'ordre des facteurs entiers qui composent les deux termes de la fraction produit, ce qui ne change pas la valeur de ces deux termes.

La propriété fondamentale étant ainsi généralisée, toutes ses conséquences le sont par là même. Ainsi, dans un produit de facteurs quelconques, on peut grouper deux facteurs en un seul, et réciproquement décomposer un facteur en plusieurs autres.

Lorsqu'on aura à calculer un produit de fractions, on aura soin de supprimer les facteurs communs avant de commencer les multiplications. Ainsi, dans le produit précédent, on aperçoit au numérateur et au dénominateur les facteurs communs 7, 4, 3, 10, que l'on supprime ; de cette manière on obtient immédiatement le résultat sous sa forme la plus simple $\frac{4}{3}$.

Division.

94. Voici la définition générale de la division : *Étant donnés un produit de deux facteurs et l'un des facteurs, trouver l'autre.* Le produit donné est le *dividende*, le facteur donné le *diviseur*; le facteur cherché s'appelle *quotient*.

Quand il s'agissait de nombres entiers, nous avons considéré la division comme ayant pour but de chercher combien de fois le diviseur est contenu dans le dividende. Lorsque le dividende contient exactement le diviseur, il est effectivement égal au produit du diviseur par le quotient; dans ce cas, le quotient est entier.

Mais quand le diviseur n'est pas contenu exactement dans le dividende, le quotient est fractionnaire. Soit d'abord à diviser 5 par 7 ; le quotient sera exprimé par la *fraction* $\frac{5}{7}$; car le produit du diviseur 7 par la fraction $\frac{5}{7}$ est égal à cinq fois la septième partie du diviseur 7, ou à cinq fois l'unité, ce qui donne le dividende 5. Ainsi une fraction exprime le quotient de son numérateur par son dénominateur; c'est pourquoi le signe de la fraction, le trait horizontal a été adopté pour indiquer la division; on place au-dessus le dividende, au-dessous le diviseur.

Soit encore à diviser 31 par 7 ; le diviseur est contenu quatre fois dans le dividende, et il y a un reste 3. Comme le reste 3, divisé par 7, donne la fraction $\frac{3}{7}$, le quotient cherché sera exprimé par le nombre fractionnaire $4 + \frac{3}{7}$; car si l'on multiplie le diviseur par ce nombre fractionnaire, on a 4 fois 7, plus trois fois la septième partie de 7, c'est-à-dire plus le reste 3, et l'on reproduit le dividende. Ainsi dans la division des nombres entiers, on se borne à chercher la partie entière du quotient; pour compléter le quotient, il suffit d'ajouter une fraction ayant pour numérateur le reste de la division et pour dénominateur le diviseur.

95. *Cas où le diviseur est entier.* Soit à diviser la fraction $\frac{4}{7}$ par 3. Puisque le quotient multiplié par le diviseur 3, ou répété 3 fois, doit reproduire le dividende, ce quotient est 3 fois plus petit que le dividende. Or, on sait que l'on rend une fraction trois fois plus petite en multipliant son dénominateur par 3 ; le quotient cherché est donc $\frac{4}{7 \times 3}$ ou $\frac{4}{21}$. Ainsi *on divise une fraction par un nombre entier en multipliant le dénominateur de la fraction par ce nombre entier.*

Quand le numérateur de la fraction est divisible par le

nombre entier, on effectue la division d'une manière plus prompte, en divisant le numérateur par le nombre entier. Par exemple le quotient de la fraction $\frac{6}{7}$ par 3 est la fraction $\frac{2}{7}$. Car on sait que l'on rend une fraction trois fois plus petite en divisant son numérateur par 3.

Soit à diviser le nombre fractionnaire $17 + \frac{4}{7}$ par 5. On dira : le cinquième de 17 est 3 pour 15 et il reste deux unités, qui, converties en septièmes et ajoutées aux quatre septièmes, donnent $\frac{18}{7}$; le cinquième de cette fraction est $\frac{18}{35}$. Le quotient cherché est donc $3 + \frac{18}{35}$.

96. *Cas où le diviseur est fractionnaire.* Proposons-nous d'abord la question suivante : $\frac{5}{8}$ de mètre d'étoffe ont coûté 15 francs ; trouver le prix du mètre. Puisque 5 *huitièmes* de mètre ont coûté 15 francs, un seul *huitième* coûtera 5 fois moins, c'est-à-dire 3 francs ; un mètre coûtera 8 fois plus qu'un *huitième*, c'est-à-dire 3×8 ou 24 francs.

Proposons-nous encore cette question : $\frac{5}{8}$ de mètre d'étoffe ont coûté $\frac{7}{12}$ de franc ; trouver le prix du mètre. Puisque 5 *huitièmes* de mètre ont coûté $\frac{7}{12}$ de franc, un seul *huitième* coûtera 5 fois moins, c'est-à-dire $\frac{7}{12 \times 5}$; un mètre coûtera 8 fois plus qu'un *huitième*, c'est-à-dire $\frac{7 \times 8}{12 \times 5}$. Or cette opération est une division dans laquelle $\frac{7}{12}$ est le dividende, $\frac{5}{8}$ le diviseur, le prix du mètre le quotient ; car le prix du mètre, multiplié par la quantité d'étoffe achetée $\frac{5}{8}$, doit reproduire la somme dépensée $\frac{7}{12}$ de franc.

Reprenons maintenant le raisonnement d'une manière abstraite. Diviser $\frac{7}{12}$ par $\frac{5}{8}$, c'est chercher un quotient qui, multiplié par le diviseur $\frac{5}{8}$, reproduise le dividende $\frac{7}{12}$. Mais multiplier une quantité par $\frac{5}{8}$, c'est en prendre 5 fois la *huitième* partie ; donc les 5 *huitièmes* du quotient égalent le dividende $\frac{7}{12}$; un seul *huitième* vaut 5 fois moins, c'est-à-dire $\frac{7}{12 \times 5}$; le quotient entier vaut 8 fois plus que son huitième, c'est-à-dire $\frac{7 \times 8}{12 \times 5}$ ou $\frac{56}{60}$. Tel est le quotient demandé ; on l'obtient, comme on voit, en multipliant le dividende

$\frac{7}{12}$ par le diviseur renversé $\frac{8}{5}$. D'où l'on déduit la règle suivante :

RÈGLE. *On divise une quantité par une fraction en la multipliant par le diviseur renversé.*

Remarques.

97. La règle précédente comprend tous les cas de la division. Lorsque le diviseur est un entier, 5 par exemple, le quotient égale la cinquième partie du dividende, ou le produit du dividende par la fraction $\frac{1}{5}$; or cette fraction $\frac{1}{5}$ peut être considérée comme l'entier $\frac{5}{1}$ renversé.

De même, diviser par $\frac{1}{5}$, c'est la même chose que multiplier par 5.

Si le diviseur et le dividende sont des nombres fractionnaires, on les mettra préalablement sous forme de fractions.

$$\frac{5+\frac{4}{9}}{\frac{7}{12}} = \frac{49}{9} \times \frac{12}{7} = \frac{28}{3} = 9+\frac{1}{3},$$

$$\frac{12}{1+\frac{3}{5}} = 12 \times \frac{5}{8} = \frac{60}{8} = \frac{15}{2} = 7+\frac{1}{2},$$

$$\frac{4+\frac{1}{6}}{5+\frac{5}{8}} = \frac{25}{6} \times \frac{8}{45} = \frac{20}{27}.$$

98. De même que, par l'extension donnée à la définition, la multiplication ne comporte plus en elle l'idée d'augmentation, de même la division ne comporte plus l'idée de diminution. Puisque diviser revient à multiplier par le diviseur renversé, on voit que, si le diviseur est plus grand que l'unité, le quotient sera plus petit que le dividende ; mais que, si le diviseur est plus petit que l'unité, le quotient sera plus grand que le dividende.

On se fera une idée très-nette de la division en considérant que *le quotient exprime combien de fois le dividende contient le diviseur et combien de parties du diviseur.* Si le quotient est un nombre entier 5, le dividende, étant égal au produit du diviseur par le quotient 5 ou au diviseur répété 5 fois, contient évidemment 5 fois le diviseur. Si le quotient est une fraction $\frac{3}{5}$, le dividende, étant égal au diviseur multiplié par $\frac{3}{5}$, contient trois fois la cinquième partie du diviseur. De même un quotient fractionnaire $4+\frac{3}{5}$ signifie que le dividende contient quatre fois le diviseur, plus trois fois la cinquième partie du diviseur. En un mot, *le quotient exprime la mesure de la quantité dividende, quand on prend la quantité diviseur pour unité.*

D'après cela, il est clair que, si l'on rend le dividende un certain nombre de fois plus grand, le quotient devient le même nombre de fois plus grand, et que, si l'on rend le diviseur un certain nombre de fois plus grand, le quotient devient le même nombre de fois plus petit. Il en résulte que le quotient ne change pas quand on multiplie le dividende et le diviseur par un même nombre.

CHAPITRE II.

NOMBRES DÉCIMAUX.

Définitions.

99. Lorsqu'on partage l'unité en parties égales de dix en dix fois plus petites, et qu'on prend un certain nombre de ces parties, on a ce qu'on appelle une *fraction décimale*.

Un nombre entier, augmenté d'une fraction décimale, porte le nom de *nombre décimal*.

On partage d'abord l'unité en dix parties égales, appelées *dixièmes*; on partage ensuite le dixième en dix parties égales, appelées *centièmes*, parce que l'unité en contient cent; puis le centième en dix *millièmes*, le millième en dix *dix-millièmes*, le dix-millième en dix *cent-millièmes*, le cent-millième en dix *millionièmes*, etc.

Cela posé, pour mesurer une grandeur plus petite que l'unité, on cherche combien elle contient de dixièmes; elle en contient 7, par exemple, et il y a un reste. On cherche combien ce reste contient de centièmes; il en contient 3, et il y a un nouveau reste. On cherche combien ce nouveau reste contient de centièmes; il en contient 8. On continue de la sorte jusqu'à ce qu'on n'ait plus de reste, ou jusqu'à ce qu'on arrive à un reste assez petit pour qu'on puisse, sans inconvénient, le négliger.

On obtient de la sorte une fraction décimale : SEPT *dixièmes*, TROIS *centièmes*, HUIT *millièmes*.

Lorsque la grandeur à mesurer est plus grande que l'unité, on cherche d'abord combien d'unités elle contient; puis on mesure le reste au moyen d'une fraction décimale, ainsi que je l'ai expliqué. De cette manière la grandeur est représentée par un nombre entier, augmenté d'une fraction décimale, c'est-à-dire par un nombre décimal.

Numération des nombres décimaux.

100. Dans la numération des nombres entiers, on a formé des unités de dix en dix fois plus grandes, et maintenant on forme des unités de dix en dix fois plus petites. Le tableau complet des ordres d'unités

. . . .
. . . .
Mille,
Centaine,
Dizaine,
Unité fondamentale,
Dixième,
Centième,
Millième,
. . . .
. . . .

se compose, en partant de l'unité fondamentale, de deux séries indéfinies, l'une ascendante, l'autre descendante. On peut d'ailleurs considérer ces deux séries comme n'en formant qu'une, indéfinie dans l'un et dans l'autre sens. Chaque unité est dix fois plus grande que celle qui est placée au-dessous d'elle, et dix fois plus petite que celle qui est placée au-dessus.

101. La propriété fondamentale des nombres décimaux, c'est qu'on peut les écrire sous la même forme que les nombres entiers. Je rappelle en effet la convention sur laquelle repose la numération écrite : un chiffre placé à la gauche d'un autre représente des unités dix fois plus grandes. Réciproquement, un chiffre placé à la droite d'un autre, représente des unités dix fois plus petites. D'après cela, un chiffre placé à la droite du chiffre des unités représentera des dixièmes ; un chiffre placé à la droite du chiffre des dixièmes représentera des unités dix fois plus petites que les dixièmes, c'est-à-dire des centièmes ; un chiffre placé à la droite du chiffre des centièmes représentera des unités dix fois plus petites que les centièmes, c'est-à-dire des millièmes, etc... Le nombre décimal 425 *unités*, 7 *dixièmes*, 3 *centièmes*, 8 *millièmes*, s'écrira donc

$$425,738.$$

On met une virgule après le chiffre 5 pour indiquer que ce chiffre désigne les unités principales. Si l'on ne mettait pas de virgule, le chiffre 5, quand on écrit 7 à sa droite, exprimerait des dizaines.

Ainsi la numération écrite des nombres décimaux repose sur cette convention générale, que le rang de chaque chiffre, à partir de la virgule, soit vers la gauche, soit vers la droite, indique l'ordre des unités, ordre ascendant ou descendant.

La fraction décimale 7 *dixièmes*, 3 *centièmes*, 8 *millièmes*, s'écrit :

$$0,738.$$

Le chiffre 0 tient ici la place des unités principales.

Il est inutile de distinguer les fractions décimales des nombres décimaux ; on considère une fraction décimale comme un nombre décimal qui a 0 pour partie entière.

Énoncer un nombre décimal écrit.

102. Soit le nombre 0,738. Il serait trop long de dire 7 *dixièmes*, 3 *centièmes*, 8 *millièmes*. Je remarque que le *centième* vaut dix *millièmes*, que le *dixième*, vaut cent *millièmes* ; en rapportant tout au *millième*, on dira donc 738 *millièmes*.

De même, le nombre 425,738 s'énoncera 425 *unités*, 738 *millièmes*.

RÈGLE. *Pour énoncer un nombre décimal, on énonce d'abord le nombre entier placé à gauche de la virgule, puis le nombre placé à droite, en le faisant suivre du nom des dernières unités.*

Ainsi les nombres

$$0{,}06 - 0{,}0047 - 2{,}10005 - 70{,}004$$

s'énoncent

Six *centièmes*,
Quarante-sept *dix-millièmes*,
Deux *unités*, dix mille cinq *cent-millièmes*,
Soixante-dix *unités*, quatre *millièmes*.

103. *Un nombre décimal ne change pas quand on place des zéros, soit à gauche de la partie entière, soit à droite de la partie décimale ;* car les zéros ainsi placés n'ont aucune influence sur les autres chiffres. Ainsi, au lieu de 12,457, on peut écrire 012,45700.

104. D'après leur définition, les fractions décimales ne sont qu'une espèce particulière de fractions ordinaires. En effet, la fraction décimale 0,437, s'énonçant 437 *millièmes*, peut s'écrire $\frac{437}{1000}$. Le nombre décimal 25,437 s'écrira d'abord sous forme de nombre fractionnaire $25 + \frac{437}{1000}$; d'autre part, comme on peut l'énoncer 25437 millièmes, on l'écrira aussi sous forme de fraction ordinaire $\frac{25437}{1000}$. Ainsi *une fraction décimale est égale à une fraction ordinaire qui a pour numérateur le nombre obtenu en supprimant la virgule, et pour dénominateur l'unité suivie d'autant de zéros qu'il y a de chiffres décimaux.*

Déplacement de la virgule.

105. Si dans le nombre 12,457 on déplace la virgule d'un rang vers la droite, on obtient un nombre 124,57 dix fois plus grand que le précédent. Car le chiffre 7, qui auparavant exprimait des millièmes, exprime maintenant des centièmes, unités dix fois plus grandes ; le chiffre 5 qui exprimait des centièmes, exprime maintenant des dixièmes, unités dix fois plus grandes, et ainsi de suite ; en un mot, l'ordre de chaque chiffre s'est élevé d'un rang dans le tableau des unités; sa valeur, et par conséquent celle du nombre lui-même, est devenue dix fois plus grande.

Si dans le nombre 12,457 on déplace la virgule de deux rangs vers la droite, on obtient un nombre 1245,7 cent fois plus grand que le précédent. Car, l'ordre de chaque chiffre s'étant élevé de deux rangs, sa valeur et par suite celle du nombre lui-même, est devenue cent fois plus grande.

Réciproquement, si dans le nombre 12,457 on déplace la virgule d'un rang vers la gauche, on obtient un nombre 1,2457 dix fois plus petit que le précédent, etc.

En résumé, *si dans un nombre décimal on déplace la virgule de un, deux, trois... rangs vers la droite ou vers la gauche, le nombre devient dix, cent, mille... fois plus grand ou plus petit.*

Les zéros que l'on peut ajouter à la droite et à la gauche d'un nombre décimal permettent de déplacer la virgule d'autant de rangs qu'on voudra d'un côté ou de l'autre. Ainsi dans le nombre 12,457, si l'on déplace la virgule de quatre rangs, on obtient deux nombres, l'un 124570 dix mille fois plus grand, l'autre, 0,0012457 dix mille fois plus petit.

OPÉRATIONS.

Puisque les nombres décimaux sont composés, comme les nombres entiers, d'unités de dix en dix fois plus grandes, et s'écrivent sous la même forme, les opérations que l'on a appris à effectuer sur les nombres entiers s'exécutent de la même manière sur les nombres décimaux.

Addition.

106. L'addition des nombres décimaux s'effectue comme celle des nombres entiers. On écrit les nombres décimaux les uns au-dessous des autres, de manière que les unités de même ordre soient dans une même colonne verticale, et, par conséquent, que les virgules se correspondent; puis on additionne les chiffres contenus dans les colonnes successives, en commençant par la droite. Ainsi, soit à additionner les nombres 27,658—8,49—0,067 ; on les dispose comme il suit :

$$\begin{array}{r} 27,658 \\ 8,49 \\ 0,067 \\ \hline 36,215 \end{array}$$

Additionnant d'abord les millièmes, on dira : 8 et 7 font 15 millièmes, je pose 5 millièmes au-dessous de la colonne des millièmes, et je reporte 1 centième à la colonne suivante. La colonne suivante donne 21 centièmes, je pose 1 centième et je reporte 2 dixièmes; et ainsi de suite.

Soustraction.

107. La soustraction des nombres décimaux s'effectue comme celle des nombres entiers. On écrit le plus petit nombre au-dessous du plus grand, de manière que les virgules se correspondent; puis on retranche chaque chiffre inférieur du chiffre supérieur correspondant.

De 25,895 retrancher 12,463, on écrira

$$\begin{array}{r} 25,895 \\ 12,463 \\ \hline 13,432 \end{array}$$

De 5 millièmes j'ôte 3 millièmes, il reste 2 millièmes que j'écris au-dessous de la colonne des millièmes; de 9 centièmes j'ôte 6 centièmes, il reste 3 centièmes que j'écris, etc.

Lorsqu'un chiffre inférieur est plus grand que le chiffre supérieur correspondant, on lève la difficulté comme pour les nombres entiers.

De 20,805 retrancher 9,728.

$$\begin{array}{r} 20,805 \\ 9,728 \\ \hline 11,077 \end{array}$$

De 5 millièmes on ne peut ôter 8 millièmes ; j'ajoute au nombre supérieur 10 millièmes, ce qui fait 15 millièmes, dont on peut retrancher 8. Afin que la différence ne change pas, j'ajoute la même quantité ou 1 centième au nombre inférieur, de sorte que par la pensée je remplace 2 par 3.

De 10,5 retrancher 9,783.

$$\begin{array}{r} 10,5 \\ 9,783 \\ \hline 0,717 \end{array}$$

On imaginera, mais sans les écrire, deux zéros à la droite du 5.

Multiplication des nombres décimaux.

Je vais examiner successivement le cas où le multiplicateur est un nombre entier et celui où il est un nombre décimal.

168. *Cas où le multiplicateur est entier.* Soit à multiplier 6,45 par 27. Il s'agit de répéter le multiplicande 27 fois ; or le multiplicande égale 645 *centièmes* ; pour répéter 645 *centièmes* 27 fois, il suffit de multiplier le nombre entier 645 par 27, ce qui donnera pour résultat 17415 *centièmes*, c'est-à-dire le nombre décimal 174,15. En répétant des centièmes on a des centièmes ; ainsi le produit d'un nombre décimal par un nombre entier renferme autant de chiffres décimaux que le multiplicande.

169. Je suppose maintenant que l'on ait à multiplier un nombre décimal 4,576 par un nombre entier 2,38. Puisque le multiplicateur est égal à 238 centièmes, la question revient à répéter 238 fois la centième partie du multiplicande ; or on obtient la centième partie du multiplicande en reculant la virgule de deux rangs vers la gauche, ce qui donne 0,04576 ou 4576 *cent-millièmes;* pour répéter cette quantité 238 fois, il suffit de multiplier le nombre entier 4576 par 238, ce qui donne 1089088 *cent-millièmes,* c'est-à-dire le nombre décimal 10,89088.

Le produit renferme autant de chiffres décimaux que le nouveau multiplicande 0,04576 ; or on forme ce dernier en reculant la virgule, dans le multiplicande proposé, d'autant de rangs vers la gauche qu'il y a de chiffres décimaux dans le multiplicateur ; donc le nouveau multiplicande, et par conséquent le produit, renferment autant de chiffres décimaux qu'il y en a dans le multiplicande et dans le multiplicateur proposés. On en conclut :

Règle. *Pour multiplier deux nombres décimaux l'un par l'autre, on effectue la multiplication comme s'il n'y avait pas de virgule, puis on sépare par une virgule sur la droite du produit autant de chiffres décimaux qu'il y en a dans le multiplicande et dans le multiplicateur proposés.*

On dispose l'opération de la manière suivante :

$$\begin{array}{r} 4,5\,7\,6 \\ 2,3\,8 \\ \hline 3\,6\,6\,0\,8 \\ 1\,3\,7\,2\,8 \\ 9\,1\,5\,2 \\ \hline 1\,0,8\,9\,0\,8\,8 \end{array}$$

110. On serait arrivé immédiatement à cette règle générale, en mettant les nombres décimaux sous forme de fractions ordinaires, et en leur appliquant la règle démontrée pour la multiplication des fractions ordinaires. Ainsi

$$4,576 \times 2,38 = \frac{4576}{1000} \times \frac{238}{100} = \frac{4576 \times 238}{100000}.$$

On voit qu'il faut multiplier les deux nombres entiers obtenus en effaçant la virgule, puis diviser le résultat par 100000. Or cette division s'effectue en séparant par une virgule sur la droite du résultat autant de chiffres décimaux qu'il y a de zéros, c'est-à-dire autant qu'il y a de chiffres décimaux dans le multiplicande et dans le multiplicateur.

Division.

J'examine successivement le cas où le diviseur est entier et celui où il est fractionnaire

111. *Cas où le diviseur est entier.* Soit à diviser 481,78 par 26. Le dividende se compose de 48178 *centièmes*. Si l'on divise le nombre entier 48178 par 26, on obtient pour quotient 1853. Puisque le produit de 1853 unités par 28 donne 48178 unités, le produit de 1853 centièmes par 28 donnera 48178 centièmes, c'est-à-dire le dividende proposé; donc le quotient cherché est 1853 *centièmes*, ou 18,53.

Règle. *Pour diviser un nombre décimal par un nombre entier, on effectue la division comme si le dividende était un nombre entier, en ayant soin, quand on a abaissé le chiffre des unités du dividende, de mettre une virgule à la droite du chiffre correspondant du quotient.*

On dispose l'opération de la manière ordinaire :

```
4 8 1,7 8 | 2 6
2 2 1     | 1 8,5 3
  1 3 7
      7 8
         0
```

En mettant la virgule comme nous l'avons dit, le quotient a autant de chiffres décimaux que le dividende, ce qui doit être, puisqu'ils expriment l'un et l'autre des unités de même ordre.

112. Soit encore à diviser 2,645 par 47. La division du nombre entier 2645 par 47 donne pour quotient $56+\frac{13}{47}$. Si l'on multiplie 56 unités plus la fraction $\frac{13}{47}$ d'unité par 47, on obtient

2645 unités; donc en multipliant 56 millièmes plus la fraction $\frac{13}{47}$ de *millième* par 47, on obtiendra 2645 millièmes, c'est-à-dire le dividende proposé. Ainsi le quotient demandé égale 56 *millièmes*, plus une fraction $\frac{13}{47}$ de *millième*; en négligeant cette fraction de millième, on commet une erreur plus petite qu'un millième. Donc le quotient est 0,056 à moins d'un millième près.

Le quotient est compris entre 0,056 et 0,057; il est facile de voir, à l'inspection du reste, duquel de ces deux nombres il est le plus rapproché. Le reste étant plus petit que la moitié du diviseur, la fraction complémentaire est plus petite qu'un demi-millième; donc le quotient est plus rapproché de 0,056 que de 0,057. On prendra 0,056 par défaut à moins d'un demi-millième près.

Mais dans l'exemple suivant:

$$\begin{array}{r|l} 2{,}665 & 47 \\ 315 & \overline{0{,}056} \\ 33 & \end{array}$$

le reste étant plus grand que la moitié du diviseur, la fraction complémentaire $\frac{33}{47}$ de millième est plus grande qu'un demi-millième, et le quotient est plus rapproché de 0,057 que de 0,056. On prendra 0,057 par excès à moins d'un demi-millième près.

Ainsi : *lorsque le reste est plus petit que la moitié du diviseur, on conserve le dernier chiffre tel qu'on l'a obtenu; lorsque le reste est plus grand que la moitié du diviseur, on augmente ce dernier chiffre d'une unité*. De cette manière l'erreur sera toujours moindre qu'une demi-unité de l'ordre auquel on s'arrête.

Si l'on veut une approximation plus grande; si l'on demande, par exemple, le quotient à moins d'un millionième près, on met le dividende sous la forme 2,645000 par l'addition d'un nombre convenable de zéros. La division donne pour quotient 0,056276, plus la fraction $\frac{28}{47}$ de millionième; en négligeant cette fraction, on commet une erreur moindre qu'un millionième.

Mais dans la pratique il est inutile d'écrire les zéros à la droite du dividende ; quand on aura abaissé tous les chiffres du dividende proposé, on formera le dividende partiel suivant, en mettant à la droite du reste un zéro, et on continuera de cette manière jusqu'à ce qu'on ait obtenu le quotient avec une approximation suffisante. L'erreur, étant toujours moindre qu'une unité de l'ordre auquel on s'arrête, deviendra aussi petite qu'on voudra. On dispose ainsi l'opération :

$$
\begin{array}{r|l}
2,645 & 47 \\
295 & \overline{0,056276} \\
130 & \\
360 & \\
310 & \\
28 & \\
\end{array}
$$

113. *Cas où le diviseur est décimal.* Soit à diviser 4,576 par 2,38. On a vu (n° 98) que, si l'on multiplie par un même nombre le dividende et le diviseur, le quotient ne change pas ; je multiplie par 100 les deux nombres proposés, la question revient à diviser le nombre décimal 457,6 par le nombre entier 238, ce qui rentre dans le cas précédent. Ainsi :

Règle. *Lorsque le diviseur est un nombre décimal, on supprime la virgule au diviseur, en ayant soin de la déplacer dans le dividende d'autant de rangs vers la droite qu'il y a de chiffres décimaux au diviseur ; et l'on a à diviser un nombre décimal par un nombre entier.*

On demande, par exemple, le quotient de 2 par 0,059 à moins d'un centième près. On divisera 2000 par 59, et l'on trouvera pour le quotient cherché 33,90 par excès à moins d'un demi-centième près.

NOMBRES DÉCIMAUX.

COMMENT ON OBTIENT UN PRODUIT ET UN QUOTIENT A UNE UNITÉ PRÈS D'UN ORDRE DÉCIMAL DONNÉ.

Multiplication abrégée.

114. Ordinairement il n'est pas nécessaire de calculer exactement le produit de deux nombres décimaux ; il suffit de l'obtenir avec une certaine approximation. On demande, par exemple, à moins d'une unité près, le produit des deux nombres 628,45638 et 32,935724. Si l'on effectuait la multiplication d'après la méthode ordinaire, on aurait le produit avec onze décimales; ces onze décimales, on les négligerait, puisqu'il suffit d'avoir le produit à moins d'une unité près. Voici un procédé qui simplifie l'opération et qui dispense de calculer la partie que l'on doit négliger au produit.

RÈGLE. *Pour calculer le produit de deux nombres décimaux à moins d'une unité près, on écrit au-dessous du multiplicande les chiffres du multiplicateur dans un ordre inverse, en plaçant le chiffre des unités du multiplicateur sous le chiffre des dixièmes du multiplicande ; puis on multiplie par chaque chiffre du multiplicateur la partie du multiplicande qui, en allant de droite à gauche, commence au chiffre du multiplicande placé au-dessus du chiffre du multiplicateur que l'on considère, et l'on écrit les produits partiels les uns au-dessous des autres, en mettant les premiers chiffres de droite dans une même colonne verticale.*

```
        6 2 8,4 5 6 3 8
      4 2 7 5 3 9 2 3
      ─────────────────
            1 8 8 5 3 7
              1 2 5 6 9
                5 6 5 6
                  1 8 9
                    3 1
                      4
      ─────────────────
        2 0 6 9 8,6 produit demandé = 20699.
```

On multiplie d'abord la partie 628,45 du multiplicande par le chiffre des dizaines 3 du multiplicateur, puis la partie 628,4 du multiplicande par le chiffre des unités 2 du multiplicateur, puis la partie 628 du multiplicande par le chiffre des dixièmes 9 du multiplicateur, etc. On voit que les premiers chiffres des produits partiels ainsi obtenus, exprimant tous des dixièmes, doivent être placés dans une même colonne verticale.

Pour diminuer l'erreur, on tient compte, dans chaque opération partielle, des dixièmes fournis par la partie que l'on néglige à la droite du multiplicande, et l'on prend cette retenue par excès ou par défaut de manière que l'erreur commise sur chaque produit partiel soit plus petite que 5 centièmes ou que un demi-dixième. Ainsi, en commençant la première opération, je dis : trois fois 6 font 18 centièmes, je retiens 2 dixièmes parce que 18 centièmes sont plus près de 20 que de 10 ; trois fois 5 font 15, et 2 font 17, je pose 7 et retiens 1, etc. En commençant la seconde opération, je dis : deux fois 5 font 10 centièmes, je retiens 1 dixième ; deux fois 4 font 8 et 1 font 9, je pose 9, etc. Quand j'arrive au chiffre 7 du multiplicateur, je dis : sept fois 6 font 42 centièmes, je pose 4 dixièmes ; les chiffres suivants 2 et 4 du multiplicateur ne donnent rien au produit.

Puisque l'erreur commise sur chaque produit partiel est plus petite que un demi-dixième, l'erreur totale est plus petite que sept fois un demi-dixième, par conséquent plus petite que 4 dixièmes, dans un sens ou dans l'autre. Si l'on augmente ou si l'on diminue le produit calculé 20698,6 de 4 dixièmes, on voit que le produit exact est plus grand que 20698,2, plus petit que 20699,0 ; on prendra 20699 unités par excès à moins d'une unité près.

Je remarque que les erreurs commises sur les divers produits partiels sont, les unes par défaut, les autres par excès, de sorte que d'ordinaire ces erreurs, loin de s'ajouter, comme je l'ai supposé dans l'évaluation de l'erreur totale, se compensent en partie. Dans l'exemple actuel, la multiplication complète, effectuée par le procédé habituel, donnerait pour produit exact 20698,665....; l'erreur totale commise par la multiplication abrégée ne s'élève pas même à un dixième. Mais comme on ne peut pas compter sur une compensation aussi parfaite, il vaut mieux évaluer l'erreur totale en faisant la somme des erreurs partielles.

115. Soit à calculer, à moins d'un millième près, le produit des deux nombres décimaux 0,7832567328 et 43,856721. Si l'on transporte la virgule après les millièmes dans le multiplicande, la question revient à calculer à moins d'une unité près le produit des nombres 783,2567328 et 43,856721 ; on retournera le multiplicateur, et on placera le chiffre des unités sous le chiffre 2 des dixièmes du nouveau multiplicande, c'est-à-dire sous le chiffre des dix-millièmes du multiplicande proposé. En général, on placera le chiffre des unités du multiplicateur un rang après l'unité décimale qui marque l'approximation.

$$
\begin{array}{r}
0,7\,8\,3\,2\,5\,6\,7\,3\,2\,8 \\
1\,2\,7\,6\,5\,8\,3\,4 \\
\hline
3\,1\,3\,3\,0\,2 \\
2\,3\,4\,9\,8 \\
6\,2\,6\,6 \\
3\,9\,2 \\
4\,7 \\
5 \\
\hline
3\,4,3\,5\,1\,0 \text{ produit demandé} = 34,351.
\end{array}
$$

L'erreur commise est plus petite que 6 demi-dix-millièmes, ou 3 dix-millièmes ; le produit demandé est donc 34,351 à moins d'un millième près.

Division abrégée.

116. On peut abréger la division comme la multiplication.

RÈGLE : *Pour calculer le quotient de deux nombres entiers, à moins d'une unité près, on supprime sur la droite du dividende autant de chiffres qu'il y en a au diviseur moins deux; on divise la partie restante par le diviseur comme à l'ordinaire; ensuite, au lieu d'abaisser à la droite du reste le chiffre suivant du dividende, on barre le premier chiffre de droite du diviseur, et l'on divise le reste par le diviseur ainsi simplifié; on barre un second chiffre à la droite du diviseur, et ainsi de suite jusqu'à ce qu'on ait barré tous les chiffres du diviseur moins deux.*

Je prends pour exemple la division suivante :

```
       .....         .....
49753937 42367 | 1264378
11822597       | 3935052,5  quotient demandé = 3935052.
  443195
   63882
     663
      31
       6
```

Je supprime cinq chiffres à la droite du dividende. En divisant le dividende ainsi modifié 49753937 par le diviseur, comme à l'ordinaire, j'obtiens le quotient 39 et un reste 443195. Au lieu d'abaisser à la droite du reste le chiffre suivant 4 du dividende pour former un nouveau dividende partiel, je barre le premier chiffre 8 à la droite du diviseur, et je divise le reste 443195 par 126437, ce qui me donne le quotient 3 et un reste 63882. Barrant un second chiffre 7 à la droite du diviseur, je divise le reste 63882 par 12643, ce qui donne le quotient 5 et un reste 663. Je continue de cette manière jusqu'à ce que j'aie barré le chiffre 6 du diviseur; alors je trouve le chiffre des unités 2 du quotient. Si, barrant le chiffre 2 du diviseur, j'effectue encore une division, je trouve 5 dixièmes.

On voit qu'en opérant de cette manière, on néglige les unités des cinq premiers ordres dans les différents produits partiels que l'on a à retrancher. Pour diminuer l'erreur dans chaque multiplication on tient compte de la retenue fournie par les chiffres barrés à la droite du diviseur, et l'on prend cette retenue par défaut ou par excès, de manière que l'erreur commise sur chaque produit partiel soit plus petite que cinq unités du cinquième ordre, ou qu'une demi-unité du sixième ordre. L'erreur commise sur chaque produit partiel altère d'autant le reste de la division ; d'ailleurs, l'erreur commise primitivement sur le dividende, quand on en a supprimé les cinq premiers chiffres, est elle-même plus petite qu'une demi-unité du sixième ordre. Comme on a calculé cinq chiffres du quotient par abréviation, l'erreur totale commise sur le reste est plus petite que six fois une demi-unité du sixième ordre ou que trois unités de cet ordre. Mais l'erreur commise sur le quotient est égale à l'erreur commise sur le reste divisée par le diviseur ; puisque le diviseur est plus grand qu'une unité du septième ordre, il en résulte que l'erreur commise sur le quotient est plus petite que $\frac{3 \times 100000}{1000000}$, ou plus petite que 0,3. Ainsi, le quotient cherché est égal à 3935052 à moins d'une unité près.

117. Soit encore la division suivante :

```
. . . . . .
475432962574  | 26437582
   211057     | ‾‾‾‾‾‾‾‾
    25994     |   17983
     2201     |
       87     |
        8     |
```

On a supprimé six chiffres à la droite du dividende ; puis, afin de pouvoir diviser la partie restante, on a barré immédiatement deux chiffres à la droite du diviseur.

Si l'on voulait calculer à un millième près le quotient d'un nombre décimal par un nombre entier, on transporterait la virgule de trois rangs vers la droite dans le dividende, puis, négligeant la partie décimale, on opérerait comme précédemment.

ERREURS RELATIVES CORRESPONDANTES DES DONNÉES ET DU RÉSULTAT.

Calculs d'approximation.

118. Il arrive souvent que l'on a à effectuer des calculs sur des nombres approchés. Il est des grandeurs qui ne peuvent être mesurées exactement. D'ailleurs les instruments dont on se sert dans la mesure des grandeurs ne sont susceptibles que d'un certain degré de précision, et les nombres obtenus doivent être regardés, non pas comme les mesures exactes des grandeurs, mais comme des évaluations plus ou moins approchées, suivant la perfection de l'instrument. Ces nombres approchés étant introduits dans les calculs, on arrive à un résultat inexact; il se présente ici deux questions : 1° Connaissant l'approximation des nombres sur lesquels on opère, quelle est l'approximation du résultat ? — 3° Avec approximation faut-il avoir les nombres sur lesquels on opère pour que l'on obtienne le résultat avec une approximation donnée ?

Je dirai que le nombre est approché par *défaut* s'il est plus petit que la quantité, par *excès* s'il est plus grand.

Addition.

119. Si toutes les erreurs ont lieu dans le même sens, l'erreur commise sur la somme est égale à la somme des erreurs. Mais, en général, les nombres que l'on ajoute sont approchés, les uns par excès, les autres par défaut; les erreurs se compensent en partie, et l'erreur commise sur la somme est plus petite que la somme des erreurs.

EXEMPLE. Additionner les nombres

$$\begin{array}{r} 12,456 \\ 7,874 \\ 0,208 \\ 3,627 \\ \hline 24,165 \end{array}$$

approchés chacun à moins d'un millième. L'erreur commise sur la somme est plus petite que 4 millièmes : la somme est donc comprise entre 24,161 et 24,169. Le chiffre des millièmes étant inexact, on le négligera et l'on prendra 24,16 à moins d'un centième près.

Soustraction.

120. L'erreur de la différence égale la différence ou la somme des erreurs commises sur les deux nombres proposés, suivant que ces deux nombres sont approchés dans le même sens ou en sens contraire.

EXEMPLE. Du nombre 28,74 approché à moins d'un centième, retrancher le nombre 16,58 approché aussi à moins d'un centième.

$$\begin{array}{r} 28,74 \\ 16,58 \\ \hline 12,16 \end{array}$$

L'erreur commise étant plus petite que 2 centièmes, la vraie différence est comprise entre 12,14 et 12,18 ; on prendra 12,2 à moins d'un dixième près.

Erreurs relatives.

121. L'erreur *absolue* commise sur un nombre est ce qu'il faudrait lui ajouter ou en retrancher pour avoir le nombre exact.

L'erreur *relative* est l'erreur absolue divisée par le nombre lui-même.

Supposons par exemple que sur une longueur de 1000 mètres on commette une erreur de 1 mètre ; en imaginant cette erreur de 1 mètre répartie uniformément sur les 1.000 mètres, c'est un millimètre par mètre, ce qu'on exprime en disant que l'erreur relative est $\frac{1}{1000}$.

Supposons maintenant que sur une longueur de 2000 mètres on commette une erreur de 2 mètres ; l'erreur, répartie uniformément, ne sera encore que de 1 millimètre par mètre, ce qui constitue une erreur relative de $\frac{1}{1000}$. Sur une longueur double on a commis une erreur absolue double ; mais l'erreur relative n'a pas changé. De même, si sur une longueur triple on commet une erreur absolue trois fois plus grande, l'erreur relative reste encore la même.

C'est par l'erreur relative qu'il faut juger du degré d'exactitude avec lequel on mesure les grandeurs. Il est clair en effet qu'une erreur de 1 décimètre sur une grande longueur, comme la distance de deux villes, est tout-à-fait négligeable, tandis qu'elle est très-sensible sur une petite longueur, comme celle d'une table. Si, par exemple, on a commis une erreur de 1 mètre sur une longueur de 100 mètres, et une erreur de 10 mètres sur une longueur de 10000 mètres, on doit regarder la seconde mesure comme plus exacte que la première, quoique l'erreur absolue soit plus grande. Car, dans le premier cas, l'erreur est de un centimètre par mètre, tandis que dans le second cas, elle n'est que de un millimètre par mètre.

122. Il existe une relation très-simple entre l'erreur relative d'un nombre approché et le nombre des chiffres exacts qui le composent. Soit le nombre 62,85 approché à moins d'un centième et par conséquent formé de *quatre* chiffres exacts. Si nous déplaçons la virgule de manière à n'avoir qu'un chiffre à la partie entière, nous aurons le nombre 6,285 approché à un millième. L'erreur absolue est ici $\frac{1}{1000}$; cette erreur, répartie sur 6 unités, donnera sur chaque unité une erreur six fois plus petite ou $\frac{1}{6000}$; telle est l'erreur relative. On dira plus simplement que l'erreur relative est moindre que $\frac{1}{1000}$, c'est-à-dire une unité décimale du *troisième* ordre. Ainsi *l'erreur relative est toujours moindre qu'une unité décimale de l'ordre marqué par le nombre des chiffres exacts moins un.*

De même, soit le nombre 0,267435 approché à un millionième et par conséquent formé de *six* chiffres exacts. En déplaçant la virgule, on a le nombre 2,67435, approché à un cent-millième. L'erreur absolue, qui est ici $\frac{1}{10^5}$, produit sur chaque unité une erreur moindre que $\frac{1}{2\times 10^5}$ et par conséquent moindre que $\frac{1}{10^5}$. L'erreur relative est moindre qu'une unité décimale du *cinquième* ordre.

123. Réciproquement, *si l'on sait que l'erreur relative est moindre qu'une unité décimale d'un certain ordre, on pourra compter sur autant de chiffres exacts dans le nombre approché*. Imaginons, comme précédemment, que la virgule ait été déplacée de manière que le nombre n'ait qu'un chiffre à sa partie entière, et supposons que l'erreur relative soit moindre qu'une unité décimale du *troisième* ordre, c'est-à-dire $\frac{1}{1000}$. Le nombre est plus petit que 10 unités; l'erreur commise sur chaque unité étant $\frac{1}{1000}$, l'erreur totale ou absolue commise sur le nombre sera moindre que dix fois l'erreur relative, c'est-à-dire moindre que $\frac{10}{1000}$, ou $\frac{1}{100}$. Ainsi on pourra compter sur les deux premiers chiffres décimaux, ce qui, avec le chiffre des unités, fait *trois* chiffres exacts.

Il arrive souvent que l'on peut compter sur un chiffre de plus. Par exemple, l'erreur relative est $\frac{1}{7\times 10^5}$, et l'on sait que le chiffre des unités du nombre est plus petit que 7. Puisque le nombre est plus petit que 7, l'erreur absolue est moindre que $\frac{7}{7\times 10^5}$ ou que $\frac{1}{10^5}$; on aura donc cinq décimales exactes, ce qui, avec le chiffre des unités, fait *six* chiffres exacts.

Multiplication.

124. Supposons d'abord que l'on multiplie un nombre approché par un nombre exact, par exemple 45; l'erreur absolue commise sur le multiplicande devient 45 fois plus grande; mais comme le produit est lui-même 45 fois plus grand que le multiplicande, l'erreur relative reste la même.

Supposons maintenant que l'on altère le multiplicateur dans le même sens que le multiplicande, il en résultera dans le produit une seconde erreur relative égale à celle du multiplicateur ; en ajoutant ces deux erreurs, on voit que l'erreur relative du produit est égale à l'erreur relative du multiplicande, plus celle du multiplicateur.

Ainsi *l'erreur relative d'un produit de facteurs approchés est la somme des erreurs relatives des facteurs.*

Si les deux facteurs étaient approchés l'un par défaut, l'autre par excès, les deux causes d'erreurs agiraient en sens contraire, et l'erreur relative du produit serait la différence des erreurs relatives des facteurs.

Le même principe s'étend évidemment au produit d'un nombre quelconque de facteurs ; car, en multipliant par un nouveau facteur, on ajoute l'erreur relative de ce nouveau facteur, s'il est approché dans le même sens.

EXEMPLE I. Multiplier le nombre 25,678 approché à moins d'un millième par le nombre exact 43,867.

Le multiplicateur est plus petit que 50 : donc l'erreur commise sur le produit est plus petite que 50 fois l'erreur commise sur le multiplicande, et par conséquent plus petite que 50 millièmes, ou que 5 centièmes. On calculera donc le produit à moins d'un dixième près. J'applique la règle de la multiplication abrégée :

$$
\begin{array}{r}
2\,5,6\,7\,8 \\
7\,6\,8,3\,4 \\
\hline
1\,0\,2\,7\,1\,2 \\
7\,7\,0\,3 \\
2\,0\,5\,4 \\
1\,5\,4 \\
1\,8 \\
\hline
1\,1\,2\,6,4\,1
\end{array}
$$
, produit demandé=1126,4.

EXEMPLE II. Calculer le produit des deux nombres 34,258 et 21,674, approchés chacun à un millième.

L'erreur relative du multiplicande est $\frac{1}{3 \times 10^4}$, celle du multiplicateur $\frac{1}{2 \times 10^4}$. Dans le cas le plus défavorable, celui où les erreurs s'ajoutent,

ERREURS RELATIVES. 121

l'erreur relative du produit sera la somme des erreurs précédentes. Sans effectuer l'addition, on voit qu'elle est moindre que $\frac{4}{10^4}$. On pourra donc compter sur quatre chiffres exacts, et comme il y a trois chiffres à la partie entière, on aura le produit à un dixième près. En faisant la multiplication par la méthode abrégée, on trouve 742,5.

EXEMPLE III. Calculer la troisième puissance du nombre 0,615837 approché à un millionème près.

L'erreur relative du nombre proposé est $\frac{1}{6 \times 10^5}$. La troisième puissance étant le produit de trois facteurs égaux, l'erreur relative de la puissance sera trois fois plus grande, soit $\frac{3}{6 \times 10^5}$, ou $\frac{1}{2 \times 10^5}$; on aura donc le résultat avec cinq chiffres exacts.

```
    0,6 1 5 8 3 7
    7 3 8 5 1 6 0
    ─────────────
      3 6 9 5 0 2
        6 1 5 8
        3 0 7 9
          4 9 2
            1 8
             4
    ─────────────
    0,3 7 9 2 5 3
    7 3 8 5 1 6 0
    ─────────────
      2 2 7 5 5 2
        3 7 9 3
        1 8 9 6
          3 0 3
            1 1
             2
    ─────────────
    0,2 3 3 5 5 7
```

On a multiplié le nombre proposé une première fois par lui-même, puis une seconde fois. Le résultat demandé est 0,23356.

Division.

125. Si l'on considère le dividende comme le produit du diviseur par le quotient, on voit que l'erreur relative du dividende égale l'erreur relative du diviseur augmentée ou diminuée de celle du quotient. Il en résulte que l'erreur relative du quotient égale l'erreur relative du dividende, diminuée ou augmentée de celle du diviseur, suivant que les deux nombres sont approchés dans le même sens ou en sens contraire.

On sait que le quotient augmente quand on augmente le

dividende, et qu'il diminue au contraire quand on augmente le diviseur. Donc, si le dividende et le diviseur sont approchés tous deux par excès, ou tous deux par défaut, les deux causes d'erreurs agissent en sens contraire, et les erreurs relatives se retranchent. Mais si l'un des nombres est approché par excès, l'autre par défaut, les deux causes d'erreurs agissent dans le même sens, et les erreurs relatives s'ajoutent.

En se plaçant dans le cas le plus défavorable, on dira que *l'erreur relative du quotient est la somme des erreurs relatives du dividende et du diviseur.*

EXEMPLE. Diviser le nombre 3254,6, approché à moins d'un dixième, par le nombre exact 235.

L'erreur commise sur le quotient étant plus petite que $\frac{0,1}{235}$, soit en décimales plus petite 0,0005, on aura le quotient avec trois décimales exactes. Ce quotient est 13,849.

EXEMPLE II. Diviser le nombre exact 16,854 par le nombre 5,3672, approché à moins d'un dix-millième.

L'erreur relative du quotient est ici égale à celle du diviseur, c'est-à-dire à $\frac{1}{5 \times 10^4}$. Le premier chiffre du quotient étant plus petit que 5, on aura le quotient 3,1402 avec cinq chiffres exacts.

EXEMPLE III. Diviser le nombre 2,734, approché à un millième, par le nombre 3,1416, approché à un dix-millième.

L'erreur relative du dividende est $\frac{1}{2 \times 10^3}$, celle du diviseur $\frac{1}{3 \times 10^4}$; cette dernière étant beaucoup plus petite que la première, peut être négligée; on prendra $\frac{1}{2 \times 10^3}$ pour erreur relative du quotient 0,870, que l'on obtiendra ainsi avec trois chiffres exacts.

RÉDUIRE UNE FRACTION ORDINAIRE EN FRACTION DÉCIMALE.

126. On a vu que le calcul des fractions décimales se ramène immédiatement au calcul des nombres entiers, tandis que le calcul des fractions ordinaires est beaucoup plus compliqué. Il est donc utile, lorsqu'une quantité est exprimée par une fraction ordinaire, de savoir l'exprimer en décimales. C'est ce qu'on appelle réduire une fraction ordinaire en fraction décimale.

Puisqu'une fraction ordinaire est égale au quotient de la division de son numérateur par son dénominateur, on effectuera cette division d'après la règle établie pour la division des nombres décimaux. Soit, par exemple, la fraction $\frac{3}{8}$:

$$\begin{array}{r|l} 3,0 & 8 \\ 60 & \overline{0,375} \\ 40 & \\ 0 & \end{array}$$

Le quotient étant exactement 0,375, la fraction ordinaire $\frac{3}{8}$ est égale à la fraction décimale 0,375.

127. En opérant ainsi, on multiplie le numérateur par une certaine puissance de 10 et l'on divise ensuite par le dénominateur. Supposons que le dénominateur ne renferme que les facteurs premiers 2 et 5 qui composent 10. Une puissance de 10, marquée par le plus haut exposant des facteurs 2 et 5 dans le dénominateur, sera évidemment divisible par ce dénominateur. Si donc on multiplie le numérateur par cette puissance de 10, on aura un produit divisible par le dénominateur, et la division se fera exactement. Ainsi *une fraction ordinaire irréductible peut être convertie exactement en décimales, quand le dénominateur ne contient pas d'autres facteurs premiers que 2 et 5.*

Dans l'exemple précédent, le dénominateur 8 étant égal

à 2^3, si l'on multiplie le numérateur par 10^3, on aura un produit divisible par 8, ce qui donne le quotient exact 0,375. On peut remarquer que la fraction décimale contient un nombre de chiffres décimaux égal au plus haut exposant des facteurs 2 et 5 dans le dénominateur.

QUAND LE DÉNOMINATEUR D'UNE FRACTION IRRÉDUCTIBLE CONTIENT D'AUTRES FACTEURS PREMIERS QUE 2 ET 5, LA FRACTION NE PEUT ÊTRE CONVERTIE EXACTEMENT EN DÉCIMALES, ET LE QUOTIENT QUI SE PROLONGE INDÉFINIMENT EST PÉRIODIQUE.

128. Supposons maintenant que le dénominateur de la fraction ordinaire, qui a été préalablement réduite à sa plus simple expression, renferme des facteurs premiers autres que 2 et 5, par exemple le facteur 7. Puisque la fraction est irréductible, le numérateur ne contient pas ce facteur 7 ; multiplié par une puissance quelconque de 10, ce qui n'introduit que les facteurs 2 et 5, il ne contiendra pas non plus le facteur 7 ; on n'arrivera donc jamais à un reste nul, et par conséquent il est impossible de convertir la fraction proposée exactement en décimales. Mais dans ce cas on l'exprime avec une approximation aussi grande qu'on veut ; car, si l'on pousse la division assez loin, l'erreur, étant moindre qu'une unité de l'ordre auquel on s'arrête, devient aussi petite qu'on veut.

La fraction ordinaire donne ainsi naissance à une fraction décimale qui se prolonge infiniment. Il est aisé de voir qu'elle est *périodique,* c'est-à-dire qu'à partir d'un certain rang, elle se compose des mêmes chiffres qui se reproduisent dans le même ordre. En effet, dans les divisions successives, comme tous les restes sont plus petits que le diviseur, après un nombre d'opérations au plus égal au diviseur diminué d'une unité, on retombera nécessairement sur un reste déjà obtenu, et alors on recommencera dans le même

RÉDUCTION DES FRACTIONS. 125

ordre les divisions déjà faites, et les mêmes chiffres se reproduiront au quotient.

Je prends pour exemple la fraction $\frac{4}{7}$:

```
 40  | 7
 50  | 0,5714285 7.....
 10
   30
   20
     60
      4
```

Puisque les restes sont plus petits que le diviseur 7, il n'y a que six restes différents possibles, savoir les six premiers nombres; or les cinq premières divisions donnent les six premiers nombres 4, 5, 1, 3, 2, 6 dans un certain ordre; tous les restes possibles sont épuisés; la division suivante ramènera nécessairement un reste déjà obtenu. Ici on obtient le premier reste 4, et on recommence les divisions déjà faites, à partir de la première; on retrouve ainsi au quotient les mêmes chiffres dans le même ordre. Le nombre 571428 formé par les chiffres qui se reproduisent indéfiniment constitue ce qu'on appelle la *période*. Je remarque que la période renferme au plus un nombre de chiffre égal au diviseur diminué d'une unité; mais souvent elle en renferme un nombre moindre. Ainsi la fraction $\frac{3}{11}$ donne naissance à la fraction décimale périodique simple 0,272727....., dont la période n'a que deux chiffres; après deux divisions seulement on retrouve le premier reste 3.

```
 30  | 1 1
 80  | 0,2727......
  3
```

129. On distingue deux sortes de fractions décimales périodiques : les fractions décimales *périodiques simples*, dont les chiffres périodiques commencent immédiatement

126   CHAPITRE II. — LIVRE III.

après la virgule; et les fractions *périodiques mixtes*, dont les chiffres périodiques ne commencent qu'à partir d'un certain rang après la virgule. Les deux fractions que nous venons de considérer sont périodiques simples. La fraction $\frac{57}{88}$ donne naissance à une fraction périodique mixte 0,647727272.....; la période 72 ne commence qu'au quatrième chiffre après la virgule.

ÉTANT DONNÉE UNE FRACTION DÉCIMALE PÉRIODIQUE, SIMPLE OU MIXTE, TROUVER LA FRACTION ORDINAIRE GÉNÉRATRICE.

Occupons-nous maintenant de la question inverse, c'est-à-dire de la conversion des fractions décimales en fractions ordinaires.

Lorsque la fraction décimale est limitée, il n'y a pas de difficulté, on sait qu'une pareille fraction est égale à une fraction ordinaire qui a pour dénominateur une puissance de 10. Ainsi $0{,}375 = \frac{375}{1000}$.

Fraction périodique simple.

130. Soit la fraction périodique simple 0,2727..... Je vais démontrer que cette fraction décimale est égale à une certaine fraction ordinaire avec une approximation aussi grande qu'on veut, et je déterminerai en même temps cette fraction ordinaire. En prenant, par exemple, trois périodes, on a une fraction décimale limitée 0,272727 qui a un sens bien précis; je multiplie cette fraction par 100, ce qui donne le nombre décimal 27,2727; de ce nombre décimal je retranche la fraction elle-même.

$$27{,}2727$$
$$0{,}272727$$
$$\overline{27 - 0{,}000027.}$$

Je retranche les deux premières périodes à partir de la

RÉDUCTION DES FRACTIONS. 127

virgule, il reste à retrancher la dernière période ; la différence égale le nombre entier 27 moins cette dernière période 0,000027. Or de 100 fois la fraction j'ai retranché une fois la fraction, la différence égale 99 fois la fraction ; j'obtiendrai la fraction elle-même en divisant cette différence par 99 ; donc la fraction décimale 0,272727 égale la fraction ordinaire $\frac{27}{99}$, diminuée de la quantité très-petite $\frac{27}{1000000 \times 99}$.

En prenant quatre périodes, on trouverait de même

$$0,27272727 = \frac{27}{99} - \frac{27}{100000000 \times 99}.$$

En général la fraction décimale égale la fraction ordinaire $\frac{27}{99}$, moins la 99ᵉ partie de la dernière période. Or, si l'on prend un nombre de périodes de plus en plus grand, la valeur de la dernière période diminue de plus en plus et devient aussi petite que l'on veut ; donc la fraction décimale proposée diffère de la fraction ordinaire $\frac{27}{99}$ d'une quantité aussi petite qu'on veut. En un mot, la fraction décimale périodique tend vers une limite égale à $\frac{27}{99}$.

Le raisonnement que je viens de faire s'applique évidemment à une fraction périodique simple quelconque. On transporte la virgule après la première période, en multipliant par une puissance de 10 marquée par le nombre des chiffres de la période ; on retranche du produit la fraction elle-même, ce qui donne une différence égale à la fraction multipliée par un nombre formé d'autant de 9 qu'il y a de chiffres à la période. D'autre part cette différence est exprimée par la période considérée comme un nombre entier, moins la dernière période. Donc la fraction décimale a pour limite une fraction ordinaire ayant pour numérateur la période et pour dénominateur un nombre formé d'autant de 9 qu'il y a de chiffres à la période. Ainsi : *Une fraction décimale périodique simple est égale à une fraction ordinaire qui a pour numérateur la période et pour dénominateur* un nombre formé d'autant de 9 qu'il y a de chiffres à la période.

Fraction périodique mixte.

131. Soit maintenant une fraction périodique mixte 0,385272727..... En prenant, par exemple, trois périodes, on a une fraction décimale limitée 0,385272727. Je transporte successivement la virgule au commencement et à la fin de la première période, en multipliant par 1000 et par 100000, ce qui donne les nombres décimaux 385,272727 et 38527,2727 ; puis je retranche le premier du second

$$38527,2727$$
$$385,272727$$
$$\overline{38142 - 0,000027}$$

J'ai retranché la partie entière et les deux premières périodes, il reste à retrancher la dernière période; la différence égale le nombre entier 38142, moins la dernière période. Or de 100000 fois la fraction, j'ai retranché 1000 fois cette fraction, la différence égale 99000 fois la fraction ; j'obtiendrai la fraction elle-même en divisant cette différence par 99000 ; donc la fraction décimale égale la fraction $\frac{38142}{99000}$, moins la 99000ᵉ partie de la dernière période. Si l'on prend un nombre de périodes de plus en plus grand, la valeur de la dernière période diminue et devient aussi petite qu'on veut ; donc la fraction décimale proposée diffère de la fraction ordinaire $\frac{38142}{99000}$ d'une quantité aussi petite qu'on veut. En un mot, la fraction décimale tend vers une limite égale à cette fraction ordinaire. Ainsi : *Une fraction décimale périodique mixte est égale à une fraction ordinaire qui a pour numérateur la différence des nombres entiers obtenus en transportant la virgule à la fin et au commencement de la première période, et pour dénominateur un nombre formé d'autant de 9 qu'il y a de chiffres à la période, suivis d'autant de zéros qu'il y a de chiffres décimaux avant la première période.*

CHAPITRE III.

SYSTÈME DES MESURES LÉGALES.

132. Pour évaluer chaque espèce de grandeurs, il faut, avons-nous dit, une unité fixe ou mesure qui serve de terme de comparaison. Autrefois, en France, comme dans les autres pays, la plus grande confusion régnait dans les mesures; chaque province avait ses mesures particulières; il en résultait des embarras extrêmes pour le commerce. Les rois de France tentèrent, mais inutilement, d'établir l'uniformité et de ramener toutes les mesures à celles de Paris; enfin, le 8 mai 1790, l'Assemblée constituante rendit un décret par lequel elle reconnut la nécessité d'une réforme complète; une commission, nommée par l'Académie et composée de Borda, Lagrange, Laplace, Monge et Concorcet, fut chargée de préparer un système général de mesures. Le système nouveau fut adopté par la Convention, sanctionné plus tard par le corps législatif, et déclaré obligatoire à partir du 2 novembre 1801; il règne aujourd'hui dans toute l'étendue de la France. On l'appelle système *métrique*, parce que toutes les unités dérivent de l'unité de longueur ou du *mètre*.

MESURES DE LONGUEUR. — MÈTRE: SES DIVISIONS; SES MULTIPLES.

133. On aurait pu prendre l'unité de longueur arbitrairement; mais afin qu'on puisse la retrouver dans les siècles futurs, les savants français eurent idée de la lier à la grandeur de la terre. Delambre et Méchain mesurèrent dans ce but l'arc du méridien compris entre Dunkerque et Barcelone; au moyen de cet arc et de celui mesuré au Pérou, en 1736, par Bouguer et La Condamine, on calcula la longueur du quart du méridien, ou la distance du pôle à l'équateur. Cette longueur fut partagée en dix millions de parties égales, et l'une des parties fut prise pour unité de longueur; on a donné à cette unité de longueur le nom de *mètre*.

L'étalon en platine déposé aux archives de l'État, le 4 messidor an VII (22 juin 1799), donne la longueur légale du mètre, quand il est à la température de la glace fondante.

Le mètre est l'unité principale de longueur.

On a formé ensuite, au moyen du mètre, des unités de dix en dix fois plus grandes. Ce sont : le *décamètre* ou dix mètres, l'*hectomètre* ou cent mètres, le *kilomètre* ou mille mètres, le *myriamètre* ou dix mille mètres. Les mots DÉCA, HECTO, KILO, MYRIA, tirés du grec, signifient dix, cent, mille, dix mille.

Pour mesurer les petites longueurs, on a subdivisé le mètre en parties de dix en dix fois plus petites ; ce qui donne : d'abord le *décimètre* ou dixième partie du mètre ; puis le *centimètre*, dixième partie du décimètre ou centième partie du mètre ; *le millimètre*, dixième partie du centimètre ou millième partie du mètre, etc..... (Les mots DÉCI, CENTI, MILLI, tirés du latin, signifient dixième, centième, millième.)

La figure ci-jointe représente un décimètre divisé en centimètres, le premier centimètre étant d'ailleurs subdivisé en millimètres.

134. Au moyen de ces unités de différents ordres, une longueur quelconque, ainsi que nous l'avons expliqué plus haut, s'exprimera par un nombre décimal. Les longueurs

Trois *décimètres*,

Vingt *mètres*, cinquante-quatre *centimètres*,

Huit cent sept *mètres*, neuf *millimètres*,

S'écriront :

$$0^m,3$$
$$20^m,54$$
$$807^m,009$$

Cependant on ne met pas toujours la virgule après

SYSTÈME DES MESURES LÉGALES.

les mètres. Quand il s'agit de grandes longueurs, on compte par kilomètres ou même par myriamètres. Ainsi on dit que la longueur d'un canal est 48 kilomètres, 7 hectomètres, et l'on écrit 48 ^{km}, 7. De même, la distance de deux villes est 325 kilomètres, et l'on écrit 325 ^{km}.

Au contraire, quand il s'agit de longueurs très-petites, on compte par millimètres; on dira, par exemple, que l'épaisseur d'une glace est huit millimètres cinq dixièmes, et l'on écrira 8^{mm},5.

135. MESURES ITINÉRAIRES. En France, les bornes, placées sur le bord des routes et des chemins, indiquent les longueurs en kilomètres. On se sert aussi, pour évaluer les distances, des unités suivantes :

Lieue de 4 kilomètres.	4000 mètres.
Lieue de 25 au degré.	4445 »
Lieue marine de 20 au degré.	5556 »
Mille marin de 60 au degré, ou de une minute.	1852 »

RAPPORT DE L'ANCIENNE TOISE DE SIX PIEDS AU MÈTRE. — CONVERTIR EN MÈTRES UN NOMBRE DONNÉ EN TOISES.

136. Avant l'établissement du nouveau système des mesures, on employait en France comme unité principale de longueur le *pied* de Charlemagne ou *pied-de-roi*. Le pied se divisait en douze *pouces*, le pouce en douze *lignes*. Six pieds formaient une *toise*.

Voici la valeur de ces diverses unités comparées au mètre :

La toise vaut.	1^m,94904
Le pied.	0 ,32484
Le pouce.	0 ,02707
La ligne.	0 ,002256

On remarque que trois pieds valent à peu près un mètre, et que la toise est un peu plus petite que deux mètres.

Il est facile de convertir en mètres une longueur exprimée en toises, pieds et pouces. Par exemple, pour convertir une longueur de 3 toises 2 pieds 7 pouces, on multiplie la longueur de la toise par 3, celle du pied par 2, celle du pouce par 7, et l'on ajoute, ce qui donne 6^m, 68629. Ordinairement on opère cette réduction au moyen de tables construites à cet effet.

MESURES DE SUPERFICIE.

137. *On prend pour unités de surface les carrés construits sur les unités de longueur.* Ainsi l'unité principale de surface est le *mètre carré*; c'est un carré dont chaque côté a un mètre de longueur.

On a ensuite : d'une part, le *décamètre carré*, l'*hectomètre carré*; le *kilomètre carré*....., d'autre part, le *décimètre carré*, le *centimètre carré*..... Ce sont des carrés qui ont pour côtés le décamètre, l'hectomètre, le kilomètre....., le décimètre, le centimètre.

Les unités de surface sont de cent en cent fois plus grandes. Je veux démontrer, par exemple, que le mètre carré vaut cent décimètres carrés. Je place dix décimètres carrés à la suite les uns des autres sur une même ligne, je forme ainsi une bande qui a dix décimètres ou un mètre de longueur et un décimètre de largeur. Je forme une seconde bande pareille au-dessus de la première, puis une troisième, etc. Quand j'aurai formé dix bandes semblables, l'ensemble sera un carré ayant un mètre de longueur et un mètre de largeur ; ce sera par conséquent un mètre carré. Or les dix bandes renferment dix fois dix ou cent décimètres carrés ; donc le mètre carré contient *cent* décimètres carrés ; en d'autres termes, le décimètre carré est la centième partie du mètre carré.

SYSTÈME DES MESURES LÉGALES.   133

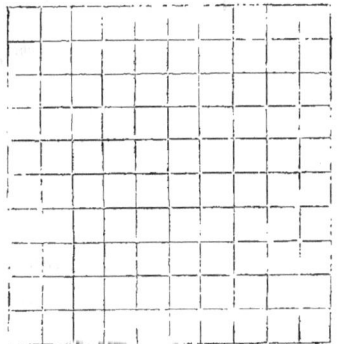

De même, le centimètre carré est la centième partie du décimètre carré, le millimètre carré est la centième partie du centimètre carré, etc..... D'autre part, le décamètre carré vaut cent mètres carrés, l'hectomètre carré vaut cent décamètres carrés, etc....

138. Mesurer une surface, c'est chercher combien elle contient de mètres carrés, combien le reste contient de décimètres carrés, etc.....; en un mot, combien elle contient d'unités de chaque ordre, et il peut y avoir jusqu'à 99 unités de chaque ordre. On représente ainsi la surface par un nombre décimal, en ayant soin d'affecter deux chiffres pour chaque ordre d'unités.

Soit le nombre
$$24537,6819 5^{\text{m. car.}}$$

En partant de la virgule et allant vers la gauche, on trouve successivement : 37 mètres carrés, 45 centaines de mètres carrés ou 45 décamètres carrés, 2 centaines de décamètres carrés ou 2 hectomètres carrés. En allant vers la droite, on trouve 68 centièmes de mètre carré ou 68 décimètres carrés, 19 centièmes de décimètre carré ou 19 centimètres carrés, 5 dixièmes ou 50 centièmes de centimètres carrés, c'est-à-dire 50 millimètres carrés.

Les surfaces suivantes :

3 décimètres carrés ;

7 décamètres carrés, 54 centim. car. ; s'écriront :

$$0,03^{\text{m. car.}} — 700,0054^{\text{m. car}}.$$

139. Mesures agraires. Pour la mesure des terrains, on emploie comme unité principale le décamètre carré, auquel on donne le nom d'*are*. Parmi les multiples de l'are, on emploie l'*hectare* ou cent ares, et, parmi les subdivisions, le *centiare* ou centième partie de l'are. L'hectare, qui vaut cent ares ou cent décamètres carrés, n'est autre chose que l'hectomètre carré. D'autre part, le centiare, qui est la centième partie de l'are ou du décamètre carré, n'est autre chose que le mètre carré.

Les seules unités employées dans la mesure des terrains sont l'hectare, l'are et le centiare. Ainsi on dit : un domaine de 125 hectares 47 ares; un jardin de 23 ares 50 centiares; et ces quantités s'écrivent :

$$125,47 \text{ hectares.} — 23^{\text{ares}},50.$$

MESURES DE VOLUME ET DE CAPACITÉ.

140. On appelle *cube* un volume qui a la forme d'une boîte terminée par six faces carrées; un dé à jouer a la forme du cube; tous les côtés d'un cube ont la même longueur.

On prend pour unités de volume les cubes construits sur les unités de longueur. L'unité principale de volume est le *mètre cube;* c'est un cube dont chaque côté a un mètre de longueur.

On a ensuite : d'une part, le *décamètre cube,* l'*hectomètre cube,* etc....; d'autre part, le *décimètre cube,* le *centimètre cube,* etc.... Ce sont des cubes qui ont pour côtés le décamètre, l'hectomètre....., le décimètre, le centimètre.....

Les unités de volume sont de mille en mille fois plus grandes. Je conçois, par exemple, une caisse qui soit exactement un mètre cube, et je la remplis avec des décimètres cubes. Puisque le fond de la caisse est un mètre carré, je le couvrirai avec cent décimètres cubes ; je forme ainsi une couche qui a un décimètre de hauteur. Je dispose une seconde couche pareille au-dessus de la première, puis une troisième, etc...., ainsi que le représente la figure suivante.

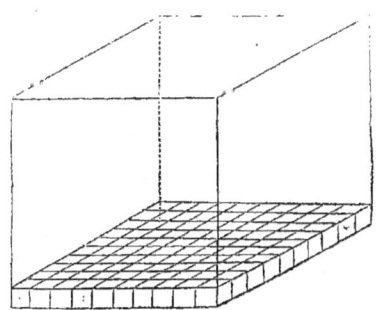

Quand j'aurai disposé dix couches semblables, la hauteur totale étant dix décimètres ou un mètre, la caisse sera pleine. Ainsi un mètre cube contient dix fois cent, c'est-à-dire *mille* décimètres cubes; en d'autres termes, le décimètre cube est la millième partie du mètre cube.

De même, le centimètre cube est la millième partie du décimètre cube, le millimètre cube est la millième partie du centimètre cube. D'autre part, le décamètre cube vaut mille mètres cubes, l'hectomètre cube vaut mille décamètres cubes, etc.

141. Mesurer un volume, c'est chercher combien il contient de mètres cubes, de décimètres cubes......, en un mot, combien il contient d'unités de chaque ordre, et il peut y avoir jusqu'à 999 unités de chaque ordre. On représentera ainsi le volume par un nombre décimal, en ayant soin d'affecter trois chiffres à chaque ordre d'unités.

Soit le nombre
$$24507638,0750098 \text{ m. cub.}$$

En partant de la virgule et allant vers la gauche, on trouve successivement : 638 mètres cubes, 507 mille mètres cubes ou 507 décamètres cubes, 24 mille décamètres cubes ou 24 hectomètres cubes. En allant vers la droite, on trouve : 75 millièmes de mètres cubes ou 75 décimètres cubes, 9 millièmes de décimètre cube ou 9 centimètres cubes, enfin 8 dixièmes ou 800 millièmes de centimètre cube, c'est-à-dire 800 millimètres cubes.

Les volumes suivants :
3 décimètres cubes ;
27 décam. cub., 349 centim. cub. ; s'écriront :

$$0,003^{\text{m. cub.}} \quad - \quad 27000,000349^{\text{m. cub.}}$$

142. Mesures de capacité. Pour mesurer les liquides et les grains, on emploie comme unité principale le décimètre cube, auquel on donne le nom de *litre*.

Les multiples du litre sont : le *décalitre*, l'*hectolitre*, le *kilolitre*, ou dix litres, cent litres, mille litres. Les subdivisions du litre sont : le *décilitre*, le *centilitre*, ou le dixième, le centième du litre.

Ces mesures sont des vases qui ont la forme cylindrique. Pour les liquides, la hauteur du vase est double du diamètre de la base. Pour les grains, la hauteur égale le diamètre de la base.

Le kilolitre, qui vaut mille litres ou mille décimètres cubes, n'est autre chose que le mètre cube. Le millilitre, qui est la millième partie du litre ou du décimètre cube, n'est autre chose que le centimètre cube.

Ainsi on dira : la capacité d'un vase est trois décalitres, cinq décilitres ($30^l,5$).—La capacité d'un tonneau est deux hectolitres, huit litres (208^l).

Conformément aux dispositions de la loi du 18 germinal an III, chacune des mesures de capacité a son double et sa moitié.

143. Mesures de solidité. Pour la mesure des bois de

chauffage ou de charpente, on se sert du mètre cube, qui prend alors le nom de *stère*.

Je résume dans un tableau les unités de volume.

Mètre cube. . . . . *kilolitre.* . . . . *stère.*
Décimètre cube. . . . *litre.*
Centimètre cube. . *millilitre.*
Millimètre cube. . . .

MESURES DE POIDS.

144. L'unité fondamentale de poids est le *gramme*. Les multiples du gramme sont le *décagramme*, l'*hectogramme*, le *kilogramme*, ou dix, cent, mille grammes. Les subdivisions du gramme sont le *décigramme*, le *centigramme*, le *milligramme*, ou dixième, centième, millième de gramme.

Le kilogramme est le poids dans le vide d'un décimètre cube d'eau distillée, à la température de 4 degrés au-dessus de zéro du thermomètre centigrade. On s'est servi d'eau distillée, parce que l'eau distillée est parfaitement pure. On a choisi la température de 4 degrés au-dessus de zéro, parce que le poids du même volume d'eau varie avec la température, et que c'est à la température de 4 degrés centigrades que ce poids est le plus grand. Enfin on a pris le poids dans le vide, parce que dans l'air les corps pèsent moins que dans le vide, et que dans l'air le poids varie un peu suivant l'état de l'atmosphère.

L'étalon en platine déposé aux archives le 4 messidor an VII donne, dans le vide, le poids légal du kilogramme.

Puisque le kilogramme est le poids d'un décimètre cube ou d'un litre d'eau, le gramme est le poids d'un centimètre cube d'eau. Le kilolitre ou le mètre cube d'eau pèse mille kilogrammes. Le poids moyen de l'hectolitre de froment est de 75 kilogrammes.

Le gramme étant un poids très-petit, on rapporte dans le commerce les marchandises ordinaires au kilogramme. Ainsi on dit qu'un ballot pèse 15 kilogrammes, 8 hectogrammes, et l'on écrit 15^k,8.

Les fortes pesées s'évaluent au moyen du *quintal métrique*, ou cent kilogrammes. Pour évaluer le chargement des navires, on emploie une unité plus grande encore, le *tonneau*, ou mille kilogrammes ; un vaisseau de cent tonneaux est un vaisseau capable de porter cent mille kilogrammes.

Conformément à la disposition de la loi du 18 germinal an III, chacune des unités de poids a son double et sa moitié.

MONNAIES. — TITRE ET POIDS DES MONNAIES DE FRANCE.

145. Monnaies d'argent. L'unité de monnaie est le *franc*. Le franc est une pièce du poids de 5 grammes, composée de neuf parties d'argent et d'une partie de cuivre.

Les subdivisions du franc sont le *décime* (dixième partie du franc) et le *centime* (centième partie du franc). On ne désigne pas les multiples du franc d'une manière spéciale ; on dit simplement : dix francs, cent francs, mille francs.

Les pièces d'argent que fabrique aujourd'hui l'État en France, sont : 1° la pièce de 1 franc ; 2° celle de 2 francs ; 3° celle de 5 francs ; 4° d'autre part la pièce de un demi-franc ou de cinquante centimes ; 5° la pièce de vingt centimes.

Toutes ces pièces d'argent sont formées avec un même alliage, composé de neuf parties d'argent pur et d'une partie de cuivre. Puisque la pièce de un franc pèse 5 grammes, la pièce de 5 francs pèse 5 fois plus ou 25 grammes ; la pièce de 50 centimes pèse 2^g,5 ; celle de 20 centimes pèse 1 gramme.

Deux cents francs en pièces d'argent pèsent 1 kilogramme.

146. Monnaies d'or. On emploie aussi en France plusieurs pièces d'or ; la pièce de 100 francs, celle de 40 francs, celle de 20 francs, celle de 10 francs et celle de 5 francs.

Elles sont composées de neuf parties d'or pur et d'une partie de cuivre.

D'après la loi, la monnaie d'or a une valeur quinze fois et demie plus grande que celle d'argent, à poids égal; il en résulte que la pièce de 20 francs pèse $\frac{5\times20}{15,5}$ grammes; ou $\frac{200}{31} = 6^g,452$.

155 pièces d'or de 20 francs pèsent 1 kilogramme.

147. MONNAIES DE BRONZE. Les nouvelles monnaies de cuivre sont la pièce de 10 centimes; il en faut 10 pour faire 1 franc; la pièce de 5 centimes, la pièce de 2 centimes et celle de 1 centime. La nouvelle monnaie de cuivre a une valeur légale 20 fois moins grande que la monnaie d'argent, à poids égal; ainsi la pièce de 5 centimes pèse 5 grammes, comme la pièce de 1 franc en argent; la pièce de 1 centime pèse 1 gramme.

148. On n'a pas fabriqué les pièces d'or et d'argent en métal pur, parce que le métal pur n'offre pas assez de dureté et de résistance au frottement. On appelle titre d'un alliage la quantité de métal pur qui entre dans un gramme d'alliage; les monnaies d'or et d'argent de France sont au titre de neuf dixièmes ou de 900 millièmes. La loi tolère une différence de 2 millièmes en plus ou en moins du titre normal de 900 millièmes, pour les pièces d'argent et pour les pièces d'or.

La loi accorde aussi une tolérance sur le poids. Elle est les 2 millièmes du poids pour les pièces d'or, les 3 millièmes pour les pièces d'argent de 5 francs, les 5 millièmes pour celles de 2 et 1 francs, les 7 millièmes pour celles de 50 centimes, et les 10 millièmes pour celles de 20 centimes. La tolérance du poids est les 10 millièmes du poids pour les pièces de cuivre de 10 et de 5 centimes; les 15 millièmes pour celles de 2 et de 1 centimes.

On a donné aux pièces de monnaie des diamètres différents, afin qu'on puisse les distinguer facilement. Voici les diamètres des pièces de monnaie en millimètres :

Pièces d'or.   Pièces d'argent.

fr.	mm.
de 40.	26
— 20.	21
— 10.	19
— 5.	17

fr.	mm.
de 5.	37
— 2.	27
— 1.	23
— 0,50.	18
— 0,20.	15

	mm.
Pièces de cuivre de 10 cent.	30
5.	25
2.	20
1.	15

149. Résumé. Il est facile de comprendre maintenant les avantages du système métrique : 1° les unités principales, destinées à la mesure des différentes espèces de grandeurs, dérivent toutes du mètre d'une manière simple, et le mètre lui-même est lié à la grandeur du globe terrestre; 2° l'échelle des unités qui se rapportent à une même espèce de grandeur est en harmonie avec notre système de numération ; de sorte qu'une grandeur quelconque s'exprime par un nombre décimal, et que les opérations à faire sur les quantités s'effectuent avec une grande rapidité.

Le système métrique est aujourd'hui en vigueur dans toute la France et en Belgique; il serait à désirer que les autres peuples de l'Europe l'adoptassent également. La nation française, lorsqu'elle préparait cette grande réforme, invita plusieurs fois les autres nations à se joindre à elle pour l'opérer en commun ; les guerres de la Révolution et de l'Empire, des susceptibilité nationales mal entendues, firent échouer ce magnifique projet.

Anciennes mesures de France.

150. Nous avons déjà parlé (n° 136) des anciennes mesures de longueur. Nous allons maintenant dire quelques mots des anciennes mesures de superficie, de volume et de poids, ainsi que des anciennes monnaies.

MESURES AGRAIRES. La *perche* des eaux et forêts était un

carré de 22 pieds de côté. L'*arpent* des eaux et forêts était composé de 100 perches de 22 pieds.

La perche de Paris avait 18 pieds de côté. L'arpent de Paris contenait 100 perches de 18 pieds.

                                          Mètres carrés.

La perche des eaux et forêts vaut.   51,07
L'arpent des eaux et forêts vaut   5107,20
La perche de Paris vaut   34,19
L'arpent de Paris vaut.   3418,87

Les mesures agraires variaient d'une province à l'autre.

MESURES DE CAPACITÉ. On employait, pour mesurer les graines, le *setier*, qui se divisait en douze *boisseaux*, et le boisseau en 16 *litrons*.

Le setier de Paris vaut. . . . .   156 litres.
Le boisseau vaut. . . . .   13 »
Le litron vaut.   0,8125

Pour la mesure des liquides, principalement pour les vins, on employait le *muid*, considéré comme étant égal à 8 pieds cubes. Le muid se divisait en deux *feuillettes*, la feuillette contenait 144 pintes.

Le muid vaut. . . . .   264 litres.
La pinte vaut.   0,92

POIDS. L'unité de poids était la *livre*. La livre se divisait en 16 *onces*, l'once en 8 *gros*, le gros en 72 *grains*.

                                          Grammes.

La livre vaut   489,5
L'once vaut.   30,59
Le gros vaut.   3,82
Le grain vaut.   0,053

MONNAIES. L'unité de monnaie était la *livre tournois*. Par une loi du 25 germinal an IV, la valeur de la livre tournois a été fixée à 99 centimes. La livre tournois se divisait en 20 sous, le sou en 4 liards ou en 12 deniers.

TABLES DE CONVERSION DES ANCIENNES MESURES EN MESURES LÉGALES.

Réduction des toises, pieds, pouces, lignes en mètres.

Nombres.	Toises en mètres.	Pieds en mètres.	Pouces en mètres.	Lignes en millimètres.
1	1,94904	0,32484	0,02707	2,256
2	3,89807	0,64968	0,05414	4,512
3	5,84711	0,97452	0,08121	6,767
4	7,79615	1,29936	0,10828	9,023
5	9,74518	1,62420	0,13535	11,279
6	11,69422	1,94904	0,16242	13,535
7	13,64326	2,27388	0,18949	15,791
8	15,59229	2,59872	0,21656	18,047
9	17,54133	2,92355	0,24363	20,302

Réduction des toises et pieds carrés et cubes en mètres carrés et cubes.

Nombres.	Toises carrées en mètres carrés.	Pieds carrés en mètres car.	Toises cubes en mètres cub.	Pieds cubes en mètres cub.
1	3,7987	0,1055	7,4039	0,03428
2	7,5975	0,2110	14,8078	0,06855
3	11,3962	0,3166	22,2117	0,10283
4	15,1950	0,4221	29,6156	0,13711
5	18,9937	0,5276	37,0195	0,17139
6	22,7925	0,6331	44,4233	0,20566
7	26,5912	0,7386	51,8272	0,23994
8	30,3899	0,8442	59,2311	0,27422
9	34,1887	0,9497	66,6350	0,30850

DEUXIÈME PARTIE.

LIVRE IV.

CHAPITRE I.

EXTRACTION DES RACINES.

Carrés.

151. On appelle *puissance* d'un nombre le produit de plusieurs facteurs égaux à ce nombre, et, pour simplifier la notation, on indique par un exposant le nombre des facteurs.

La seconde puissance ou le produit de deux facteurs égaux s'appelle *carré*, parce que le nombre d'unités de surface contenues dans la figure géométrique nommée carré est égal à la seconde puissance du nombre d'unités de longeurs contenues dans le côté de la figure. Je rappelle, en effet, la manière dont j'ai fait voir que le décamètre carré vaut cent mètres carrés. Je conçois un carré dont le côté ait 5 mètres de longueur : on peut décomposer ce carré en cinq bandes renfermant chacune cinq petits carrés ou 5 mètres carrés, et la figure entière contient 5 fois 5 ou 5^2 mètres carrés.

Il est nécessaire de savoir par cœur les carrés des dix premiers nombres,

1, 4, 9, 16, 25, 36, 49, 64, 81, 100...

Le carré de 10 est 100. Le carré de 20 est 400, celui de 30 est 900; en général, le carré d'un certain nombre de dizaines se compose d'un certain nombre de centaines.

Cubes.

152. La troisième puissance ou le produit de trois facteurs égaux s'appelle *cube*, parce que le nombre d'unités de volume contenues dans la figure géométrique nommée cube est égal à la troisième puissance du nombre d'unités de longueur contenues dans le côté de la figure.

Je rappelle en effet la manière dont j'ai démontré dans le système métrique que le décamètre cube renferme mille mètres cubes. Je conçois une caisse de forme cubique dont le côté ait 5 mètres de longueur; le fond de la caisse, qui est un carré, renferme 5^2 ou 25 mètres carrés; si, sur chacun d'eux, on place un mètre cube, on forme ainsi au fond de la caisse une couche qui a un mètre de hauteur, et qui contient 25 mètres cubes; si l'on forme 5 couches pareilles, la caisse sera remplie; ainsi la caisse cubique contient 25×5 ou 5^3 mètres cubes.

Le cube d'un nombre s'obtient en multipliant le carré du nombre par le nombre lui-même. Voici les cubes des dix premiers nombres :

1, 8, 27, 64, 125, 216, 343, 512, 729, 1000...

Le cube de 10 est 1000; le cube de 20 est 8000, celui de 30 est 27000; en général, le carré d'un certain nombre de dizaines donne des mille.

FORMATION DU CARRÉ ET DU CUBE DE LA SOMME DE DEUX NOMBRES.

153. *Le carré de la somme de deux nombres égale* **le carré du premier nombre, plus deux fois le produit du premier par le second, plus le carré du second.**

Soit à élever la somme $7+5$ au carré, il faut multiplier $7+5$ par $7+5$. En multipliant d'abord par 7 chacune des parties du multiplicande, j'obtiens le carré de 7 et le produit 7×5. En multipliant ensuite le multiplicande par 5, j'obtiens le produit 7×5 et le carré de 5. En définitive le

EXTRACTION DES RACINES. 145

carré de $7+5$ égale le carré de 7, plus deux fois le produit de 7 par 5, plus le carré de 5.

$$\begin{array}{r} 7+5 \\ 7+5 \\ \hline 7^2+7\times 5 \\ +7\times 5+5^2 \\ \hline 7^2+7\times 5\times 2+5^2 \end{array}$$

154. On en déduit que *la différence entre les carrés de deux nombres entiers consécutifs égale deux fois le plus petit nombre, plus un.* Ainsi :

$$8^2=(7+1)^2=7^2+7\times 2+1.$$

Quand on connaît un carré, il est facile d'après cela de former le carré suivant. Par exemple, pour avoir le carré de 11, il suffit au carré de 10 ou à 100 d'ajouter deux fois 10 plus 1 ou 21, ce qui donne 121.

155. *Le cube de la somme de deux nombres renferme quatre parties : 1° le cube du premier nombre, 2° trois fois le carré du premier nombre multiplié par le second, 3° trois fois le premier multiplié par le carré du second, 4° le cube du second.*

Soit la somme $7+5$ à élever au cube ; je forme d'abord le carré, que je multiplierai ensuite par $7+5$.

$$\begin{array}{l} 7^2+7\times 5\times 2+5^2 \\ 7\ +5 \\ \hline 7^3+7^2\times 5\times 2+7\times 5^2 \\ \quad +7^2\times 5\quad +7\times 5^2\times 2+5^3 \\ \hline 7^3+7^2\times 5\times 3+7\times 5^2\times 3+5^3. \end{array}$$

J'ai multiplié chacune des parties du carré, d'abord par 7, puis par 5, et j'ai additionné les résultats.

EXTRACTION DE LA RACINE CARRÉE D'UN NOMBRE ENTIER.

156. On appelle *racine carrée* d'un nombre un nombre

qui, élevé au carré, reproduit le nombre proposé. La racine carrée de 64 est 8, puisque le carré de 8 est 64. On désigne la racine carrée par le signe $\sqrt{}$. Ainsi $\sqrt{64} = 8$.

Étant donné un nombre entier, comme ce nombre ne sera pas ordinairement un carré parfait, on se bornera à chercher la racine du plus grand carré qu'il contient. L'excès du nombre proposé sur le plus grand carré qu'il renferme s'appelle *reste*.

Si le nombre donné est plus petit que 100, comme on sait par cœur les carrés des neuf premiers nombres, on trouve de suite le résultat. Soit, par exemple, le nombre 45 ; le plus grand carré contenu dans ce nombre est 36, dont la racine est 6, et l'on a un reste 9.

Je considère maintenant un nombre plus grand que 100, par exemple :

```
  4 5.8 7  | 6 7
    3 6    |-----
  -------  | 1 2 7
    9 8.7  |     7
    8 8 9  |-----
  -------  | 8 8 9
      9 8
```

Le plus grand carré contenu dans ce nombre étant au moins égal à 100, la racine cherchée est au moins égale à 10 ; elle se compose donc d'un chiffre des unités et d'un certain nombre de dizaines. Le nombre proposé contient le carré de la racine, plus le reste ; or, le carré de la racine, d'après ce qui a été dit, est formé de trois parties : le carré des dizaines, le double produit des dizaines par les unités, le carré des unités. La première partie, le carré des dizaines, exprimant des centaines, doit être contenue dans les 45 centaines du nombre proposé ; je vais démontrer que l'on *obtient les dizaines de la racine en extrayant la racine du plus grand carré contenu dans les centaines du nombre.*

Le nombre 45 est compris entre les deux carrés consécutifs 36 et 49, carrés de 6 et de 7. Le nombre proposé 4587 contient donc 36 centaines ou le carré de 60 ; il ne contient pas 49 centaines ou le carré de 70. Il en résulte que la racine cherchée est ou 60, ou un nombre plus grand que 60, mais plus petit que 70 ; en un mot, le chiffre des dizaines de la racine est 6.

On connaît les dizaines de la racine ; si du nombre proposé on retranche le carré des dizaines 3600, le reste 987 ne renferme plus que les deux autres parties du carré : le double produit des dizaines par les unités, ou le produit de 12 dizaines par le chiffre des unités, et le carré des unités. La première partie, exprimant des dizaines, est contenue dans les 98 dizaines ; mais ce produit n'est pas nécessairement le plus grand multiple de 12 contenu dans 98 ; car 98 contient en outre les dizaines de retenue fournies par le carré des unités et par le reste. En divisant 98 par 12, on trouve 8 pour quotient ; le chiffre des unités est donc 8 ou un chiffre plus petit. J'essaie 8 ; pour cela j'écris 8 à la droite de 12, et je multiplie le nombre 128 ainsi formé par 8 ; le produit 1024 se compose du produit de 12 dizaines par 8, c'est-à-dire du double produit des dizaines par les unités, et en outre du produit de 8 par 8, c'est-à-dire du carré des unités. Or, la somme de ces deux parties doit être contenue dans 987 ; puisque 1024 est plus grand que 987, on en conclut que le chiffre 8 est trop fort. J'essaie 7 de la même manière, en multipliant 127 par 7 ; le produit 889 étant contenu dans 987, le chiffre 7 est bon ; c'est bien le chiffre des unités de la racine. Ainsi la racine du plus grand carré contenu dans le nombre 4587 est 67, et il y a un reste 98.

157. Soit encore à extraire la racine du plus grand carré contenu dans le nombre 458732 :

```
4 5.8 7.3 2  | 6 7 7
3 6          |‾1 2 7‾‾‾‾‾1 3 4 7
‾9 8.7       |    7         7
  8 8 9      | ‾8 8 0‾‾‾9 4 2 9
  ‾9 8 3.2
    9 4 2 9
    ‾‾4 0 3
```

148   CHAPITRE I. — LIVRE IV.

Ce nombre étant plus grand que 100, la racine est égale ou supérieure à 10, et par conséquent se compose d'un chiffre des unités et d'un certain nombre de dizaines. Le carré des dizaines, étant des centaines, se trouve compris dans les 4587 centaines du nombre proposé, et l'on obtiendra les dizaines de la racine en extrayant la racine du plus grand carré contenu dans les 5587 centaines.

Il s'agit donc d'extraire la racine du plus grand carré contenu dans le nombre 4587. Ce nombre étant plus grand que 100, la racine est égale ou supérieure à 10, et par conséquent se compose d'un chiffre des unités et d'un certain nombre de dizaines. On obtiendra les dizaines de la racine en extrayant la racine du plus grand carré contenu dans les 45 centaines. En répétant les raisonnements précédents, on trouve que 67 est la racine du plus grand carré contenu dans le nombre 4587, et qu'il y a un reste 98. Ainsi la racine du nombre 458732 se compose de 67 dizaines et d'un chiffre des unités que je vais déterminer.

Si du nombre proposé on retranche le carré des 67 dizaines, il reste 98 centaines, qui ajoutées aux 32 unités, donnent 9832. Ce nombre renferme le double produit des dizaines par les unités ; on divisera 983 par le double de 67 ou par 134, ce qui donne pour quotient 7. Le chiffre des unités est ou 7 ou un chiffre plus petit. On essaiera 7, en écrivant 7 à la droite de 134 et multipliant 1347 par 7 ; le produit 9429 étant plus petit que 9832, le chiffre 7 est bon. Ainsi la racine cherchée est 677, et il y a un reste 403.

De ce qui précède on conclut :

RÈGLE. *Pour extraire la racine carrée du plus grand carré contenu dans un nombre entier, on partage ce nombre en tranches de deux chiffres à partir de la droite, la dernière tranche à gauche pouvant d'ailleurs ne renfermer qu'un chiffre. On extrait la racine du plus grand carré contenu dans la première tranche à gauche, ce qui*

EXTRACTION DES RACINES.

donne le premier chiffre de gauche de la racine cherchée. On retranche ce plus grand carré de la première tranche, et à la droite du reste on abaisse la tranche suivante; on sépare le premier chiffre de droite, et on divise le nombre ainsi formé par le double du chiffre déjà obtenu à la racine; le quotient est le second chiffre de la racine ou un chiffre trop fort. On essaie ce chiffre en l'écrivant à la droite du double du premier chiffre, multipliant le nombre ainsi formé par le chiffre que l'on essaie, et retranchant ce produit du nombre obtenu par l'abaissement de la seconde tranche. Si la soustraction est possible, le chiffre essayé est bon; si elle n'est pas possible, ce chiffre est trop fort, et alors on essaie le chiffre inférieur d'une unité. Quand on a trouvé le second chiffre de la racine, à la droite du reste on abaisse la tranche suivante, on sépare le premier chiffre de droite, et on divise le nombre ainsi formé par le double de la partie déjà obtenue à la racine. On continue de cette manière jusqu'à ce qu'on ait abaissé toutes les tranches.

Si l'on effectue les soustractions en même temps que les multiplications, l'opération se dispose de cette manière :

```
4 5.8 7.3 2      6 7 7
   9 8.7       ─────────────
   9 8 3.2      1 2 7   1 3 4 7
       4 0 3
```

J'applique la règle à l'exemple suivant :

```
5.3 2.3 7.8 4.0 9  |  2 3 0 7 3
1 3.2              |──────────────────
   3 3.7 8.1       |  4 3   4 6 0 7   4 6 1 4 3
       1 5 3 2 0.9
           1 4 7 8 0
```

On voit qu'il y a autant de chiffres à la racine qu'il y a de tranches dans le nombre proposé.

PREUVE. Si l'on élève au carré la racine trouvée et si l'on ajoute le reste, on doit retrouver le nombre donné.

INDICATION SOMMAIRE DE LA MARCHE A SUIVRE POUR L'EXTRACTION DE LA RACINE CUBIQUE.

158. On appelle *racine cubique* d'un nombre un nombre qui, élevé au cube, reproduit le nombre proposé. La racine cubique de 343 est 7, puisque le cube de 7 est 343. On désigne la racine cubique par le signe $\sqrt[3]{\ }$; ainsi $\sqrt[3]{343}=7$.

Étant donné un nombre entier, nous nous bornerons à chercher la racine du plus grand cube contenu dans le nombre proposé.

Je considère d'abord un nombre plus petit que 1000 ; à l'aide du tableau des cubes des neuf premiers nombres (n° 152), on voit de suite le résultat. Soit le nombre 642 ; le plus grand cube contenu dans ce nombre est 512, dont la racine est 8, et l'on a un reste 130.

Je considère maintenant un nombre plus grand que 1000, par exemple 98654

```
98.654  | 46
64      | 48      127      126
─────             7         6
34 6.5 4         ───       ───
33 3.3 6         889       756
─────            48        48
1 3.1 8          ────      ────
                 5689      5556
                    7         6
                 ────      ────
                 39823     33336
```

Le plus grand cube contenu dans ce nombre étant supérieur ou égal à 1000, la racine cherchée est supérieure ou égale à 10 ; elle se compose donc d'un chiffre des unités et d'un certain nombre de dizaines. Le nombre proposé renferme le cube de la racine, plus le reste ; or le cube de la racine, d'après ce qui a été dit, comprend quatre parties : le cube des dizaines, etc. La première partie exprimant des mille, ne peut se trouver que dans les 98 mille du nombre proposé, et *l'on aura les dizaines de la racine en extrayant la racine du plus grand cube contenu dans les mille du nombre.*

Le nombre 98 est compris entre les deux cubes consécutifs 64 et 125, cubes de 4 et de 5. Le nombre proposé 98654 contient donc 64 mille ou le cube de 40 ; il ne contient pas 125 mille ou le cube de 50 ; il en résulte que la racine cherchée est 40 ou un nombre plus grand que 40, mais plus petit que 50 ; en un mot, le chiffre des dizaines de la racine est 4.

On connaît les dizaines de la racine. Si du nombre proposé on retranche le cube des dizaines 64000, le reste 34654 ne renferme plus que trois parties : trois fois le carré des dizaines multiplié par les unités, trois fois les dizaines multipliées par le carré des unités, le cube des unités.

La première partie, exprimant des centaines, est contenue dans les 346 centaines ; trois fois le carré des dizaines étant 48, le produit de 48 par le chiffre des unités est contenu dans 346 ; mais ce produit n'est pas nécessairement le plus grand multiple de 48 contenu dans 346 ; car 346 contient en outre les centaines de retenue provenant des autres parties. En divisant 346 par 48, on trouve 7 pour quotient ; le chiffre des unités est donc ou 7 ou un chiffre plus petit.

J'essaie 7 ; pour cela je forme les trois autres parties du cube de 47 : en multipliant 48 par 7, on obtient la première partie 33600 ; en multipliant le triple des dizaines ou 12 par le carré des unités 49, on obtient la seconde partie 5880 ; enfin la troisième partie, le cube des unités, est 343. La somme 39823 de ces trois parties étant plus grande que 34654, le chiffre 7 est trop fort.

J'essaie 6 de la même manière. La somme des trois parties 33336 étant moindre que 34654, le chiffre 6 est bon. Ainsi la racine du plus grand cube contenu dans le nombre 98654 est 46, et on a un reste 1318.

Pour essayer le chiffre 7, au lieu de calculer les trois parties séparément, il est plus simple de procéder de la manière suivante : à la droite du triple des dizaines 12, j'écris le chiffre 7, je multiplie le nombre 127 ainsi formé par 7, j'ajoute au produit 889 le triple carré des dizaines, c'est-à-dire

4800, ce qui donne le nombre 5689 que je multiplie par 7, j'obtiens ainsi la somme 39823 des trois autres parties du cube. En effet de cette manière le nombre 7 a été multiplié deux fois successivement par 7, ce qui donne le cube des unités; le triple des dizaines 12 a été aussi multiplié deux fois successivement par 7, ce qui donne trois fois le produit des dizaines par le carré des unités; enfin le triple carré des dizaines 48 a été multiplié par le chiffre des unités 7. Après avoir reconnu que le chiffre 7 est trop fort, on essaiera de la même manière le chiffre 6.

159. Soit encore à extraire la racine du plus grand cube contenu dans le nombre 98654965.

```
9 8.6 5 4. 9 6 5 | 4 6 2
6 4              | 4 8 | 6 3 4 8
―――――――――
3 4 6.5 4             1 2 6              1 3 8 2
3 3 3 3 6                 6                    2
――――――――              ―――――              ―――――
1 3 1 8 9.6 5           7 5 6              2 7 6 4
1 2 7 5 1 2 8            4 8              6 3 4 8
――――――――              ―――――              ―――――
    4 3 8 3 7           5 5 5 1            6 3 7 5 6 4
                            6                    2
                        ―――――              ―――――
                        3 3 3 3 6          1 2 7 5 1 2 8
```

On raisonnera comme précédemment : ce nombre étant plus grand que 1000, la racine est égale ou supérieure à 10, et par conséquent se compose d'un chiffre des unités et d'un certain nombre de dizaines. On obtiendra les 46 dizaines de la racine en extrayant la racine cubique du plus grand cube contenu dans les 98654 mille.

Si du nombre proposé on retranche le cube des dizaines, il reste 1318 mille qui, ajoutés aux 965 unités, donnent 1318965. Ce nombre renferme les trois autres parties du cube; on divisera donc 13189 par trois fois le carré de 46 ou par 6348, ce qui donne pour quotient 2. On essaiera le chiffre 2 par le procédé indiqué précédemment. Le chiffre 2 est bon. Ainsi la racine cherchée est 462.

De ce qui précède on conclut :

RÈGLE. *Pour extraire la racine cubique du plus grand cube contenu dans un nombre entier donné, on partage ce*

EXTRACTION DES RACINES. 153

nombre en tranches de trois chiffres à partir de la droite, la dernière tranche à gauche pouvant d'ailleurs ne renfermer que deux chiffres ou un seul. On extrait la racine de la première tranche de gauche, ce qui donne le premier chiffre de gauche de la racine cherchée. On retranche le cube de ce chiffre de la première tranche, et à la droite du reste on abaisse la tranche suivante. On sépare les deux premiers chiffres et on divise le nombre ainsi formé par trois fois le carré du chiffre déjà obtenu à la racine. Le quotient est le second chiffre de la racine ou un chiffre trop fort. On essaie ce chiffre en formant les trois autres parties du cube et retranchant la somme du nombre obtenu par l'abaissement de la seconde tranche. Si la soustraction n'est pas possible, le chiffre essayé est trop fort, et on essaie le chiffre inférieur d'une unité; si elle est possible, à la droite du reste on abaisse la tranche suivante. On continue de cette manière jusqu'à ce qu'on soit arrivé à la dernière tranche.

Preuve. En élevant au cube la racine trouvée et ajoutant le reste, on doit reproduire le nombre proposé.

CARRÉ ET CUBE D'UNE FRACTION.

160. *On élève au carré une fraction en élevant chacun de ses deux termes au carré.* Soit la fraction $\frac{5}{7}$; si on la multiplie par elle-même, on a

$$\frac{5}{7} \times \frac{5}{7} = \frac{5 \times 5}{7 \times 7};$$

ainsi

$$\left(\frac{5}{7}\right)^2 = \frac{5^2}{7^2}.$$

161. Lorsque les deux termes d'une fraction sont carrés parfaits, on obtient immédiatement sa racine en extrayant la racine de ses deux termes. Ainsi la racine carrée de la fraction $\frac{25}{49}$ est exactement $\frac{5}{7}$, puisqu'en élevant au carré cette dernière fraction on reproduit la fraction proposée.

162. De même *on élève au cube une fraction, en élevant chacun de ses deux termes au cube*. Soit encore la fraction $\frac{5}{7}$; on a

$$\frac{5}{7} \times \frac{5}{7} \times \frac{5}{7} = \frac{5 \times 5 \times 5}{7 \times 7 \times 7};$$

donc

$$\left(\frac{5}{7}\right)^3 = \frac{5^3}{7^3}.$$

RACINE CARRÉE D'UNE FRACTION ORDINAIRE ET DÉCIMALE
A UNE UNITÉ PRÈS D'UN ORDRE DÉCIMAL DONNÉ.

163. *Lorsqu'un nombre entier n'est pas carré parfait*, c'est-à-dire n'est pas le carré d'un nombre entier, *il n'existe pas de nombre fractionnaire qui, élevé au carré, reproduise exactement le nombre proposé*. Soit le nombre 28; ce nombre est compris entre les deux carrés consécutifs 25 et 36; il n'existe pas de nombre entier qui, élevé au carré, reproduise 28; le nombre 5 donne un carré trop petit, 6 un carré trop grand. Mais n'existe-t-il pas entre 5 et 6 un nombre fractionnaire dont le carré reproduise exactement 28? Je suppose que le nombre fractionnaire irréductible $\frac{39}{7}$ ou $5 + \frac{4}{7}$ jouisse de cette propriété ; le carré de la fraction $\frac{39}{7}$ est la fraction $\frac{39^2}{7^2}$. On sait que lorsque deux nombres sont premiers entre eux, deux puissances quelconques de ces nombres sont aussi premières entre elles (n° 72); la fraction $\frac{39}{7}$ étant irréductible, ce qu'on peut toujours supposer, ses deux termes 39 et 7 sont premiers entre eux; leurs carrés 39^2 et 7^2 sont aussi premiers entre eux et par conséquent la fraction $\frac{39^2}{7^2}$ est aussi irréductible. Or il est impossible que cette fraction irréductible soit égale à un nombre entier 28.

164. Ainsi tout nombre entier, non carré parfait, n'a

pas de racine exacte; mais on peut trouver deux nombres fractionnaires, qui diffèrent entre eux aussi peu qu'on veut, et dont les carrés comprennent le nombre donné, c'est-à-dire soient, l'un plus petit, l'autre plus grand que ce nombre. Je veux, par exemple, trouver deux nombres fractionnaires, qui ne diffèrent entre eux que de $\frac{1}{100}$, et dont les carrés comprennent 28. J'écris le nombre 28 sous la forme de fraction, $\frac{28 \times 100^2}{100^2}$, et j'extrais la racine du plus grand carré contenu dans le numérateur 280000, ce qui donne 529. Le numérateur 280000 étant compris entre les carrés des deux nombres entiers consécutifs 529 et 530, la fraction $\frac{280000}{100^2}$ est comprise elle-même entre les carrés des deux fractions $\frac{529}{100}$ et $\frac{530}{100}$. On dira en conséquence que chacune des deux fractions $\frac{529}{100}$ et $\frac{530}{100}$ est la racine approchée de 28, à moins d'un centième près, la première par défaut, la seconde par excès.

165. Considérons maintenant un nombre décimal tel que 45,8732. Ce nombre décimal est égal à la fraction ordinaire $\frac{458732}{10000}$, dont le dénominateur est le carré de 100; en extrayant la racine du plus grand carré contenu dans le nombre entier 458732, on trouve 677; le numérateur étant compris entre les carrés de 677 et de 678, la fraction proposée est comprise entre les carrés des deux fractions $\frac{677}{100}$ et $\frac{678}{100}$, et sa racine entre ces deux fractions elles-mêmes. Ainsi on dira que chacun des deux nombres 6,77 et 6,78 est la racine approchée de 45,8732, à moins d'un centième près.

Pour que ce raisonnement soit possible, il faut que le dénominateur soit un carré parfait, c'est-à-dire que le nombre proposé renferme un nombre pair de chiffres décimaux. Si le nombre des chiffres décimaux était impair, on le rendrait pair en ajoutant un zéro à sa droite. Si l'on demande, par exemple, la racine de 45,873, on ajoutera un zéro et l'on cherchera la racine du nombre égal 45,8730, ce qui donne encore 6,77, à moins d'un centième.

RÈGLE. *Pour extraire la racine carrée d'un nombre dé-*

cimal renfermant un nombre pair de chiffres décimaux, on supprime la virgule et l'on extrait, à moins d'une unité, la racine du nombre entier ainsi obtenu; puis on sépare par une virgule sur la droite de la racine un nombre de chiffres décimaux moitié du nombre des chiffres décimaux du nombre proposé, et l'on a ainsi la racine avec une erreur moindre qu'une unité du dernier ordre.

166. Ce procédé permet d'exprimer en décimales les racines carrées avec une approximation aussi grande qu'on veut.

Si l'on demande, par exemple, la racine carrée de 45,873 à un millième près, on ajoutera trois zéros à la droite de ce nombre afin d'avoir six chiffres décimaux et l'on appliquera la règle précédente au nombre décimal 45,873000, ce qui donne la racine 6,773 approchée à moins d'un millième.

On calculera de même la racine carrée du nombre entier 528 à moins d'un millième près en appliquant la règle énoncée au nombre décimal 528,000000. Mais dans la pratique, il est inutile d'écrire d'avance les zéros; on opère d'abord sur le nombre entier proposé, ce qui donne la partie entière de la racine; ajoutant deux zéros à droite du reste, on obtient le chiffre des dixièmes; ajoutant deux nouveaux zéros, on obtient les chiffres des centièmes et ainsi de suite.

167. Lorsqu'une fraction ordinaire irréductible n'a pas ses deux termes carrés parfaits, il n'existe pas de fraction qui, élevée au carré, reproduise exactement la fraction proposée; car le carré d'une fraction ordinaire irréductible est une fraction irréductible ayant ses deux termes carrés parfaits. En d'autres termes, la fraction proposée n'admet pas de racine carrée exacte; mais on peut l'obtenir avec une approximation aussi grande qu'on veut.

Soit, par exemple, la fraction $\frac{5}{7}$ dont on demande la racine à un centième près. On commencera par convertir en décimales la fraction proposée, et l'on s'arrêtera quand on aura quatre chiffres décimaux; on trouve ainsi que la fraction $\frac{5}{7}$ égale la fraction décimale 0,71428,..., ce qu'on peut écrire de la manière suivante :

$$\frac{5}{7} = \frac{7142,8....}{10000}$$

On extraira ensuite la racine du numérateur à moins d'une unité près ; la racine du plus grand carré contenu dans le nombre entier 7142 étant 84, il est clair que le nombre entier 7142, et par suite le nombre fractionnaire 7142,8...., sont compris entre les carrés des deux nombres entiers consécutifs 84 et 85 ; donc la fraction proposée elle-même est comprise entre les carrés des deux fractions $\frac{84}{100}$ et $\frac{85}{100}$. Ainsi la racine demandée est 0,84, à moins d'un centième près.

De même, si l'on veut trouver la racine du nombre fractionnaire $32 + \frac{2}{3}$ à un millième près, on convertira la fraction $\frac{2}{3}$ en décimales et l'on extraira la racine du nombre décimal 32,666666, ce qui donne 5,715.

Remarque.

168. Quand on a extrait la racine carrée du plus grand carré contenu dans un nombre entier, on connaît deux nombres entiers consécutifs, entre lesquels est comprise la racine du nombre proposé. Il est aisé de voir, à l'inspection du reste, duquel de ces deux nombres elle est le plus rapprochée.

Soit, par exemple, le nombre 28 dont la racine est comprise entre 5 et 6 ; ce nombre contient le carré de 5, plus le reste 3. Formons le carré de $5 + \frac{1}{2}$; ce carré, d'après ce qui a été dit, comprend trois parties : le carré de 5 ou 25 ; le double produit de 5 par $\frac{1}{2}$, c'est-à-dire 5 ; enfin le carré de $\frac{1}{2}$, ou $\frac{1}{4}$. Ainsi le carré de $5 + \frac{1}{2}$ surpasse le carré de 5 de $5 + \frac{1}{4}$. En général, quand on ajoute une demi-unité à un nombre, son carré augmente du nombre lui-même plus un quart. Si donc le reste est égal ou inférieur à la partie entière de la racine, la partie fractionnaire sera moindre qu'une demi-unité. C'est ce qui a lieu dans l'exemple actuel : le reste 3 étant inférieur à 5, la racine est plus petite que $5 + \frac{1}{2}$; on prendra 5 par défaut, à moins d'une demi-unité près.

Mais si le reste est plus grand que la partie entière de la racine, la partie fractionnaire sera plus grande qu'une demi-unité. Par exemple, le nombre 32 contient le carré de 5, plus le reste 7; ce reste étant supérieur à 5, la racine est plus grande que $5 + \frac{1}{2}$; elle est comprise entre $5 + \frac{1}{2}$ et 6; on prendra 6 par excès, à moins d'une demi-unité.

Ainsi, dans l'extraction des racines, on aura soin de forcer le dernier chiffre quand le reste sera plus grand que la racine trouvée.

Racine carrée d'un nombre approché.

169. On a vu que l'erreur relative d'un produit de facteurs approchés est la somme des erreurs relatives des facteurs; le carré étant le produit de deux facteurs égaux, l'erreur relative du carré d'un nombre approché est le double de l'erreur relative du nombre lui-même; il en résulte que *l'erreur relative de la racine carrée d'un nombre approché est la moitié de l'erreur relative du nombre.*

A l'aide de ce principe, il est aisé de voir que *la racine carrée a toujours au moins autant de chiffres exacts que le nombre lui-même, moins un.*

Soit le nombre 12,456 approché à moins d'un millième. L'erreur relative de ce nombre est $\frac{1}{10^4}$, celle de la racine $\frac{1}{2 \times 10^4}$; on pourra donc compter sur quatre chiffres exacts à la racine, autant qu'il y en a dans le nombre proposé, moins un. Cette racine est 3,529 à un millième près.

Souvent on peut compter sur autant de chiffres exacts à la racine qu'il y en a dans le nombre proposé. Soit le nombre 8,756 approché à moins d'un millième. L'erreur relative de ce nombre est $\frac{1}{8 \times 10^4}$, celle de la racine $\frac{1}{16 \times 10^4}$, ou plus simple-

EXTRACTION DES RACINES.

ment $\frac{1}{10^4}$. On peut donc compter sur quatre chiffres exacts à la racine, autant qu'il y en a dans le nombre proposé. Cette racine est 2,959 à un millième près.

Mais dans la pratique, pour aller plus vite et éviter toute discussion, nous ne prendrons la racine qu'avec un chiffre de moins.

Exemples.

1° Calculer $\sqrt{\sqrt{132}}$, à moins d'un millième d'unité.

Il s'agit d'extraire deux racines carrées successivement. La première n'ayant que deux chiffres à sa partie entière, la seconde n'en aura qu'un ; comme on veut avoir trois chiffres décimaux, on demande le résultat avec quatre chiffres exacts ; il suffira évidemment de calculer la première racine avec un chiffre de plus, c'est-à-dire avec cinq chiffres exacts. La racine de 132 est 11,489 ; en extrayant la racine carrée de ce nombre, on trouve 3,390.

2° Calculer $\sqrt{\sqrt{2}}$ avec une erreur relative de $\frac{1}{1000}$ ou de $\frac{1}{10^3}$.

Si l'on obtient la première fraction avec une erreur relative de $\frac{1}{10^4}$, on aura la seconde avec une erreur relative deux fois plus petite, il suffirait donc de calculer la première avec quatre chiffres exacts. La racine carrée de 2 est 1,414 ; en extrayant la racine carrée de ce nombre, on trouve 1,189.

3° Calculer $\sqrt{(1+\sqrt{2}) \times (\sqrt{5} - 2)}$ avec une erreur relative de $\frac{1}{10000}$ ou de $\frac{1}{10^4}$.

Il s'agit d'effectuer le produit des deux facteurs approchés $1 + \sqrt{2}$ et $\sqrt{5} - 2$ et d'extraire la racine carrée de ce produit. Si l'on calcule chaque facteur avec une erreur relative de $\frac{1}{10^4}$, l'erreur relative du produit sera $\frac{2}{10^4}$; celle de la racine deux fois plus petite, soit $\frac{1}{10^4}$. Il suffit donc de calculer chaque facteur avec cinq chiffres exacts.

$\sqrt{2} = 1,4142 \qquad 1 + \sqrt{2} = 2,4142$

$\sqrt{5} = 2,23607 \qquad \sqrt{5} - 2 = 0,23607$

$(1 + \sqrt{2}) \times (\sqrt{5} - 2) = 0,56992$

$\sqrt{(1 + \sqrt{2}) \times (\sqrt{5} - 2)} = 0,75493$

4° Calculer $\dfrac{(1 + \sqrt{2}) \times (3 - \sqrt{\sqrt{2}}) \times (15 - \sqrt{3})}{(120 + \sqrt{7}) \times (3 + \sqrt{5})}$

avec une erreur relative de $\frac{1}{10^2}$.

Il entre dans le calcul cinq facteurs approchés, et l'on sait que l'erreur relative du résultat, dans le cas le plus défavorable, celui où toutes les erreurs s'ajoutent, est la somme des cinq erreurs relatives. Si l'on obtient chaque facteur avec une erreur relative de $\frac{1}{10^3}$, on aura le résultat avec une erreur relative égale à $\frac{5}{10^3}$, et par conséquent moindre que $\frac{1}{10^2}$. On calculera donc chaque facteur avec quatre chiffres exacts.

$\sqrt{2} = 1,414 \qquad 1 + \sqrt{2} = 2,414$
$\sqrt{\sqrt{2}} = 1,189 \qquad 3 - \sqrt{\sqrt{2}} = 1,811$
$\sqrt{3} = 1,73 \qquad 15 - \sqrt{3} = 13,27$
$\sqrt{7} = 2,6 \qquad 120 + \sqrt{7} = 122,6$
$\sqrt{5} = 2,236 \qquad 3 + \sqrt{5} = 5,236$

$(1 + \sqrt{2}) \times (3 - \sqrt{\sqrt{2}}) = 4,371$

$(1 + \sqrt{2}) \times (3 - \sqrt{\sqrt{2}}) \times (15 - \sqrt{3}) = 58,00$

$(120 \times \sqrt{7}) \times (3 + \sqrt{5}) = 64,179$

$\dfrac{(1 + \sqrt{2}) \times (3 - \sqrt{\sqrt{2}}) \times (15 - \sqrt{3})}{(120 + \sqrt{7}) \times (3 + \sqrt{5})} = 0,0903.$

Opération abrégée.

170. Quand on veut extraire, à moins d'une unité près, la racine carrée d'un nombre entier très-grand, il est possible d'abréger un peu l'opération. *Lorsqu'on a trouvé plus*

EXTRACTION DES RACINES.

de la moitié des chiffres de la racine par le procédé habituel, on obtient immédiatement tous les autres en divisant le reste par le double de la partie déjà trouvée à la racine.

Soit le nombre 2558967348260.

```
2.55.89.66.34.82.60      1599677
1 5 5                    2 5 | 3 0 9 | 3 1 8 9
  3 0 8 9
  3 0 8 6 6
    2 1 6 5 3 4 8 | 3 1 9 8
    2 4 6 5      | 6 7 7
      2 2 6
        3
```

Il y a sept chiffres à la racine ; je calcule les quatre premiers 1599 par le procédé habituel ; puis je divise le reste 2165348260 par le double 3198000 de la partie déjà trouvée à la racine ; plus simplement, je divise 2165348 par 3198. Le quotient par défaut 677 me donne les trois derniers chiffres de la racine.

En effet, si nous considérons la racine comme formée de deux parties, la partie déjà trouvée 1599000 et la partie encore inconnue, le reste 2165348260 doit contenir le double produit de la première partie par la seconde, plus le carré de la seconde. En divisant ce reste par le double 3198000 de la première partie, nous avons trouvé 677 ; si le reste de la division contient le carré de 677, le nombre proposé contient le carré de 1599677, et l'on a la raison par défaut à moins d'une unité. Mais si le reste de la division ne contient pas le carré de 677, ce qui a lieu dans l'exemple actuel, concevons que l'on augmente le nombre proposé d'une quantité telle qu'il admette pour racine 1599677 ; cette quantité additionnelle est évidemment moindre que le carré de 667, et par conséquent, que le carré de 1000, ou que 10^6 ; on ne modifierait de la sorte que les 6 derniers chiffres du nombre proposé ; les sept premiers restent exacts ; la racine a aussi sept chiffres exacts. En effet, l'erreur absolue commise sur le nombre proposé étant moindre que 10^6, et ce nombre étant lui-même plus grand que 2×10^{12}, l'erreur relative commise sur ce nombre est moindre que $\frac{10^6}{2\times 10^{12}}$ ou que $\frac{1}{2\times 10^6}$; l'erreur relative de la racine est donc moindre que $\frac{1}{4\times 10^6}$; la racine étant inférieure à 2×10^6, l'erreur absolue commise sur la racine est moindre que $\frac{2\times 10^6}{4\times 10^6}$ ou que $\frac{1}{2}$. Ainsi on a la raison 1599677 par excès à moins d'une unité près.

CHAPITRE II.

RAPPORTS.

RAPPORT DES GRANDEURS CONCRÈTES.

Définition.

171. On appelle *rapport* de deux grandeurs de même espèce le nombre qui exprime combien de fois la première contient la seconde et combien de parties de la seconde.

En d'autres termes, le rapport de deux grandeurs de même espèce est la mesure de la première quand on prend la seconde pour unité.

Par exemple, si la première grandeur contient trois fois la seconde exactement, le rapport est le nombre entier 3.

Si la première grandeur contient 3 fois la cinquième partie de la seconde, le rapport est la fraction $\frac{3}{5}$.

Si la première grandeur contient quatre fois la seconde, plus trois fois la cinquième partie de la seconde, le rapport est le nombre fractionnaire $4 + \frac{3}{5}$.

172. Lorsque deux grandeurs d'une espèce ont été mesurées au moyen d'une même unité, le rapport de ces deux grandeurs est égale au quotient des deux nombres qui les mesurent.

Nous pouvons remarquer en effet que le quotient indique combien de fois le dividende contient le diviseur et combien de parties du diviseur. Supposons d'abord que le quotient soit un nombre entier 3; le diviseur multiplié par 3, ou répété trois fois, donne le dividende; donc le dividende contient trois fois le diviseur, et par conséquent le rapport du dividende au diviseur est le quotient 3.

Supposons maintenant que le quotient soit une fraction $\frac{3}{5}$, le dividende est toujours égal au produit du diviseur par le quotient. Or multiplier le diviseur par la fraction $\frac{3}{5}$, c'est répéter trois fois la cinquième partie du diviseur; donc le dividende contient trois fois la cinquième partie du diviseur et par conséquent le rapport du dividende au diviseur est encore le quotient $\frac{3}{5}$.

De même, si le quotient est un nombre fractionnaire $4 + \frac{3}{5}$, le dividende, qui est égal au produit du diviseur par le quotient, contient 4 fois le diviseur plus trois fois la cinquième partie du diviseur : le rapport est $4 + \frac{3}{5}$.

Ainsi d'une manière générale le quotient exprime le rapport de la quantité dividende à la quantité diviseur. C'est pourquoi l'on a adopté le signe de la division, le trait horizontal, pour indiquer le rapport de deux quantités. On écrit au-dessus la première quantité, ou le *numérateur*, au dessous la seconde quantité, ou le *dénominateur*. Par exemple, le rapport du nombre 5 au nombre 7 s'écrira $\frac{5}{7}$; le rapport de $\frac{4}{7}$ à $\frac{3}{5}$ s'écrira $\frac{\left(\frac{4}{7}\right)}{\left(\frac{3}{5}\right)}$; le rapport de $5 + \frac{3}{4}$ à $2 + \frac{1}{6}$ s'écrira $\frac{5 + \frac{3}{4}}{2 + \frac{1}{6}}$.

Le rapport de deux nombres fractionnaires peut toujours être ramené à celui de deux nombres entiers. Soit le rapport de $5 + \frac{3}{4}$ à $2 + \frac{1}{6}$, ou de $\frac{23}{4}$ à $\frac{13}{6}$; si l'on réduit ces deux fractions au même dénominateur, on a le rapport de 69 *douzièmes* à 26 *douzièmes*; mais ce rapport est évidemment égal à celui des nombres entiers 69 et 26. De cette manière le rapport proposé $\frac{5 + \frac{3}{4}}{2 + \frac{1}{6}}$ se met sous la forme d'une fraction ordinaire $\frac{69}{26}$.

Propriétés des rapports.

173. Une fraction ordinaire exprime le rapport de deux nombres entiers, le rapport de son numérateur à son dénominateur. Il est aisé de voir que les propriétés fondamentales des fractions ordinaires s'étendent aux rapports en général.

RAPPORTS.   165

Il résulte de la notion même du rapport que, lorsqu'on rend le numérateur d'un rapport un certain nombre de fois plus grand ou plus petit, la valeur de ce rapport devient le même nombre de fois plus grande ou plus petite, et que par conséquent, si l'on multiplie le numérateur d'un rapport par un nombre quelconque entier ou fractionnaire, la valeur du rapport est multipliée par le même nombre.

Il résulte aussi de la notion du rapport que, si l'on rend le dénominateur un certain nombre de fois plus grand ou plus petit, la valeur du rapport devient le même nombre de fois plus petite ou plus grande, et que par conséquent, si l'on multiplie le dénominateur par un nombre quelconque entier ou fractionnaire, la valeur du rapport est divisée par le même nombre.

On conclut de là que la valeur d'un rapport ne change pas quand on multiplie ses deux termes par un même nombre. Car le rapport, étant ainsi multiplié et divisé par le même nombre, conserve la même valeur.

De même, la valeur d'un rapport ne change pas, quand on divise ses deux termes par un même nombre.

174. On sait que l'on obtient le produit de deux fractions ordinaires en les multipliant terme à terme. On effectuera de même le produit de deux rapports en les multipliant terme à terme.

Soit en effet $\frac{5+\frac{3}{4}}{2+\frac{3}{6}}$ ou $\frac{\left(\frac{23}{4}\right)}{\left(\frac{13}{6}\right)}$ ou $\frac{\left(\frac{69}{12}\right)}{\left(\frac{26}{12}\right)}$ le rapport multiplicateur; ce rapport étant égal à la fraction ordinaire $\frac{69}{26}$, il s'agit de répéter 69 fois la 26e partie du rapport multiplicande; on prendra la 26e partie du rapport multiplicande en multipliant son dénominateur par 26 ; on la répétera 69 fois en multipliant le numérateur par 69. Si maintenant l'on divise par 12 les deux termes du produit, ce qui ne change pas sa valeur, on voit que le numérateur du rapport multiplicande aura été multiplié par $\frac{69}{12}$ ou $\frac{23}{4}$, c'est-à-dire par le numérateur du rapport multiplicateur, le dénominateur par $\frac{26}{12}$ ou $\frac{13}{6}$, dénominateur du second rapport.

Il en résulte que l'on divise un rapport par un autre en multipliant le premier par le second renversé.

On élève un rapport au carré ou au cube en élevant ses deux termes séparément à cette puissance.

On extrait la racine d'un rapport en extrayant la racine de ses deux termes.

175. On appelle rapports *inverses* deux rapports composés des deux mêmes termes, mais disposés en ordre inverse. Ainsi les deux rapports $\frac{3}{5}$ et $\frac{5}{3}$ sont inverses l'un de l'autre. Il est clair que le produit de deux rapports inverses est égal à un.

DANS UNE SUITE DE RAPPORTS ÉGAUX, LA SOMME DES NUMÉRATEURS ET CELLE DES DÉNOMINATEURS FORMENT UN RAPPORT ÉGAL AUX PREMIERS.

176. Soient les trois rapports égaux

$$\frac{9}{15}, \frac{12}{20}, \frac{21}{35}.$$

Je dis que la somme des numérateurs et celle des dénominateurs forment un nouveau rapport

$$\frac{9+12+21}{15+20+35},$$

égal à chacun des rapports proposés. En effet, chacun des rapports proposés est égal à la fraction $\frac{3}{5}$, ce qui signifie que le numérateur 9 du premier rapport est égal aux trois cinquièmes de son dénominateur 15 ; que de même le numérateur 12 du second rapport est égal aux trois cinquièmes de son dénominateur 20, et que le numérateur 21 du troisième rapport est égal aux trois cinquièmes de son dénominateur 35.

RAPPORTS. 167

Or, imaginons que l'on veuille prendre les trois cinquièmes de la somme
$$15 + 20 + 35$$
des trois dénominateurs; il est clair que l'on obtient les trois cinquièmes de la somme de plusieurs quantités, en prenant les trois cinquièmes de chacune d'elles; mais les trois cinquièmes de chaque dénominateur est le numérateur correspondant; on aura donc la somme des numérateurs
$$9 + 12 + 21.$$
Ainsi la somme des numérateurs $9 + 12 + 21$ est égale aux trois cinquièmes de la somme des dénominateurs $15+20+35$, donc le rapport
$$\frac{9 + 12 + 21}{15 + 20 + 35} \text{ ou } \frac{42}{70},$$
est égal à la fraction $\frac{3}{5}$, comme chacun des rapports proposés.

NOTIONS GÉNÉRALES SUR LES GRANDEURS QUI VARIENT DANS LE MÊME RAPPORT OU DANS UN RAPPORT INVERSE. — SOLUTION, PAR LA MÉTHODE DITE DE RÉDUCTION A L'UNITÉ, DES QUESTIONS LES PLUS SIMPLES DANS LESQUELLES ON CONSIDÈRE DE TELLES QUANTITÉS. — METTRE EN ÉVIDENCE LES RAPPORTS DES QUANTITÉS DE MÊME NATURE QUI ENTRENT DANS LE RÉSULTAT FINAL, ET EN CONCLURE LA RÈGLE GÉNÉRALE A SUIVRE POUR ÉCRIRE IMMÉDIATEMENT LA SOLUTION DEMANDÉE.

Méthode de réduction à l'unité.

177. Un grand nombre de questions peuvent être résolues par une méthode très-simple, dite *de réduction à l'unité*. Quelques exemples feront bien comprendre l'esprit de cette méthode.

Problème I. 48 mètres d'étoffe ont coûté 150 francs. Combien coûteront 60 mètres de la même étoffe ?

Puisque 48 *mètres d'étoffe ont coûté* 150 *francs, un seul mètre coûtera* 48 *fois moins, soit* $\dfrac{150^{\text{fr}}}{48}$; 60 *mètres coûteront* 60 *fois plus qu'un mètre, soit* $\dfrac{150 \times 60}{48} = 187^{\text{f}},50$.

Problème II. $48^{\text{m}},5$ d'étoffe ont coûté $157^{\text{f}},45$. Combien coûteront $62^{\text{m}},32$?

Je cherche d'abord le prix du mètre ; on sait que pour l'obtenir il faut diviser la somme payée $157^{\text{f}},45$ *par la quantité d'étoffe achetée* $48^{\text{m}},5$; *le prix du mètre est donc* $\dfrac{157,45}{48,5}$. *Connaissant le prix du mètre, il est facile de calculer ce que coûtera une quantité quelconque d'étoffe ; il suffit de multiplier le prix du mètre par cette quantité d'étoffe. Ainsi* $62^{\text{m}},32$ *coûteront* $\dfrac{157,45 \times 62,32}{48,5} = 202^{\text{f}},32$.

Pour abréger, on dispose le raisonnement de la manière suivante :

$48^{\text{m}},5$ coûtent . . . 157,45
1^{m}. . . . . . $\dfrac{157,45}{48,5}$
$62^{\text{m}},32$. . . . . $\dfrac{157,45 \times 62,32}{48,5} = 202,32$.

Dans le calcul, on a négligé les millièmes, ce qui donne le résultat à moins d'un centième près.

Problème III. On veut échanger 20 mètres d'une étoffe qui vaut 12 fr. le mètre contre une autre étoffe qui vaut 8 fr. le mètre. Quelle quantité de cette seconde étoffe doit-on recevoir en échange ?

La première étoffe vaut 12 fr. le mètre ; si la seconde étoffe ne valait que 1 fr. le mètre, on devrait en recevoir 12 fois plus, soit $20 \times 12^{\text{m}}$; comme elle vaut 8 fr., on doit en recevoir 8 fois moins, soit $\dfrac{20 \times 12}{8} = 30$ mètres.

Problème IV. Une locomotive, qui fait 6 lieues à l'heure, a employé 10 heures pour parcourir une certaine distance. Combien d'heures emploierait la locomotive pour franchir la même distance, si elle faisait 8 lieues à l'heure?

Si la locomotive ne faisait qu'une lieue à l'heure, elle emploierait 6 fois plus de temps pour parcourir la même distance, soit 10×6 *heures. Comme elle fait 8 lieues à l'heure, elle emploiera 8 fois moins de temps, soit* $\dfrac{10 \times 6}{8} = 7^h\,30^m$.

PROBLÈME V. Une fontaine a mis $2^h 52^m 46^s$ à remplir un bassin d'une capacité de 7 mètres cubes, 46 décimètres cubes. Combien de temps mettra-t-elle pour remplir un bassin d'une capacité de 12 mètres cubes, 620 décimètres cubes?

Je réduis le temps en secondes; la fontaine, en 10366 secondes, a rempli le premier bassin, dont la capacité est de 7046 litres; pour verser un litre, il lui faut un temps 7046 fois plus petit, soit $\frac{10366}{7046}$ *secondes. La capacité du second bassin est de 12620 litres; la fontaine le remplira en un temps 12620 fois plus grand, soit* $\dfrac{10366 \times 12620}{7046}$
$= 18566$ *secondes* $= 5^h 9^m 26^s$, *en négligeant une fraction de seconde.*

PROBLÈME VI. Deux fontaines coulent dans un bassin; la première, coulant seule, remplit le bassin en cinq heures; la seconde, coulant seule, en 7 heures. On demande combien de temps les deux fontaines, coulant ensemble, mettront pour remplir le bassin.

Je prends pour unité de volume la capacité du bassin. La première fontaine, remplissant le bassin en 5 heures, donne en une heure une quantité d'eau marquée par la fraction $\frac{1}{5}$; *la seconde, remplissant le bassin en 7 heures, donne en une heure une quantité d'eau marquée par la fraction* $\frac{1}{7}$. *Les deux fontaines, coulant ensemble, verseront en une heure une quantité d'eau égale à* $\frac{1}{5} + \frac{1}{7} = \frac{12}{35}$. *Autant le bassin contiendra de fois cette quantité d'eau versée en une heure, autant d'heures il faudra aux deux fontaines coulant ensemble pour remplir le bassin. Je divise donc 1 par* $\frac{12}{35}$, *ce qui donne le quotient* $\frac{35}{12} = 2^h + \frac{11}{12}$.

Je réduis cette fraction d'heure en minutes : puisqu'une heure vaut 60 minutes, les $\frac{11}{12}$ *d'une heure valent les* $\frac{11}{12}$ *de 60 minutes, ce* qui fait $\frac{60 \times 11}{12} = 55^m$. *Dans l'exemple actuel, on aurait pu opérer immédiatement la conversion en multipliant les deux termes de la fraction par 5, ce qui fait $\frac{55}{60}$ ou 55 minutes. Ainsi les deux fontaines coulant ensemble mettront* $2^h 55'$ *pour remplir le bassin.*

Emploi des rapports.

178. Reprenons la première question : 48 mètres d'étoffe ont coûté 150 francs ; combien coûteront 60 mètres de la même étoffe ?

Il est clair que si la quantité d'étoffe devient deux, trois fois plus grande, le prix devient deux, trois fois plus grand ; le prix varie dans le même rapport que la quantité. Pour avoir le prix de la seconde quantité d'étoffe, il suffira donc de multiplier le prix de la première par le rapport de la seconde quantité à la première.

C'est d'ailleurs la conclusion à laquelle nous conduit la méthode de réduction à l'unité.

Puisque 48 mètres valent 150 francs, un mètre vaut 48 fois moins, soit $\frac{150}{48}$; 60 mètres valent 60 fois plus, soit $\frac{150 \times 60}{48}$ ou $150 \times \frac{60}{48}$. Pour avoir le prix des 60 mètres d'étoffe, on multiplie 150 francs, prix de 48 mètres, par le rapport $\frac{60}{48}$ de 60 mètres à 48 mètres.

179. Reprenons de même la quatrième question : une première locomotive, qui fait 6 lieues à l'heure, a employé 10 heures pour parcourir une certaine distance ; combien d'heures emploiera, pour franchir la même distance, une seconde locomotive faisant 8 lieues à l'heure ?

On appelle vitesse de la locomotive le nombre de lieues qu'elle parcourt en une heure ; il est clair que si la locomotive marche avec une vitesse deux, trois fois plus grande, elle emploiera, pour parcourir la même distance, un temps deux, trois fois plus petit. Le temps nécessaire pour parcourir une certaine distance et la vitesse varient donc dans un rapport inverse. Il en résulte que, pour avoir le temps demandé, il suffit de multiplier le temps donné, 10 heures, par le rapport inverse de la seconde vitesse à la première.

C'est ce que montre d'ailleurs la méthode de réduction à l'unité. Si la locomotive ne faisait qu'une lieue à l'heure, elle emploierait un temps 6 fois plus grand, soit 10×6 heures; comme elle fait 8 lieues à l'heure, elle emploiera un temps 8 fois plus petit, soit $\frac{10 \times 6}{8}$ ou $10 \times \frac{6}{8}$. Ainsi, pour avoir le temps employé par la seconde locomotive, on multiplie 10 heures, temps employé par la première, par $\frac{6}{8}$, inverse du rapport $\frac{8}{6}$ de la seconde vitesse à la première.

180. Toutes les questions dans lesquelles il entre deux sortes de quantités qui varient dans le même rapport ou dans un rapport inverse peuvent être résolues de cette manière. On multiplie, dans le premier cas, par le rapport des deux quantités connues de même espèce, dans le second cas, par le rapport inverse.

Le problème V est dans le premier cas. Il est clair que le temps nécessaire à une fontaine pour remplir un bassin varie dans le même rapport que la capacité du bassin; il faudra donc multiplier le temps qu'emploie la fontaine pour remplir le premier bassin par le rapport de la capacité du second bassin à celle du premier, ce qui donne $10366^s \times \frac{12620}{7046}$.

Le problème III est dans le second cas. Il est clair que la quantité d'étoffe que l'on devra recevoir en échange et le prix du mètre varient dans un rapport inverse. Il faudra donc multiplier la première quantité d'étoffe par l'inverse du rapport du second prix au premier, ce qui donne $20^m \times \frac{12}{8}$.

181. Nous allons maintenant nous occuper de questions plus compliquées.

Problème VII. Il faut 10 quintaux de foin pour nourrir 8 chevaux pendant 15 jours. Combien en faudrait-il pour nourrir 13 chevaux pendant 20 jours?

Cherchons d'abord la quantité de foin nécessaire pour nourrir 13 chevaux pendant 15 jours. Le temps étant le même, la quantité de foin varie dans le même rapport que le nombre des chevaux ; il faudra donc multiplier la quantité de foin 10 quintaux ou 1000^k par le rapport $\frac{13}{8}$ des nombres de chevaux, ce qui donne $1000 \times \frac{13}{8}$k.

Cherchons maintenant la quantité de foin nécessaire pour nourrir 13 chevaux pendant 20 jours. Le nombre de chevaux restant le même, la quantité de foin varie dans le même rapport que le temps ; il faudra donc multiplier la quantité trouvée précédemment par le rapport $\frac{20}{15}$ des nombres de jours, ce qui donne

$$1000 \times \frac{13}{8} \times \frac{20}{15} = 2167 \text{ }^k.$$

Problème VIII. 20 ouvriers en 12 jours ont transporté 160 mètres cubes de terre. Combien faudra-t-il d'ouvriers pour transporter en 10 jours 200 mètres cubes ?

Pour exécuter dans le même temps et dans les mêmes conditions une quantité de travail deux fois plus grande, il faut deux fois plus d'ouvriers, c'est-à-dire que le nombre des ouvriers varie dans le même rapport que la quantité de travail. Pour exécuter la même quantité de travail dans un temps deux fois plus long, il faut deux fois moins d'ouvriers, c'est-à-dire que le nombre des ouvriers varie dans le rapport inverse du nombre des jours de travail. On multipliera donc le nombre des ouvriers 20, par le rapport $\frac{200}{160}$ des quantités de travail et par l'inverse du rapport $\frac{10}{12}$ des nombres de jours de travail, ce qui donne

$$20 \times \frac{200}{160} \times \frac{12}{10} = 30.$$

Il faut 30 ouvriers.

Problème IX. Avec $28^k,5$ de fil on a fabriqué une pièce de toile ayant 120 mètres de longueur sur $1^m,25$ de largeur. Quelle longueur d'une toile semblable à la première, mais ayant 0^m,92 de largeur, pourra-t-on fabriquer avec 40 kilogrammes de fil?

Avec une quantité de fil double, on peut fabriquer une longueur de toile double, la largeur restant la même; d'autre part avec la même quantité de fil, si la toile a une largeur deux fois plus grande, on n'en peut fabriquer qu'une longueur deux fois plus petite. Ainsi la longueur de la toile varie dans le même rapport que la quantité de fil et dans le rapport inverse de la largeur. Il faudra donc multiplier la longueur 120 mètres par le rapport $\frac{40}{28,5}$ des quantités de fil, et par l'inverse du rapport $\frac{0,92}{1,25}$ des largeurs, ce qui donne

$$120 \times \frac{40}{28,5} \times \frac{1,25}{0,92} = 228^m,8.$$

182. Il faut examiner avec beaucoup de soin si les quantités de différentes sortes qui entrent dans la question varient bien dans le même rapport ou en rapport inverse. Soit, par exemple, la question suivante : Une pierre en tombant pendant trois secondes parcourt 88 mètres. Quel espace parcourra-t-elle en tombant pendant 5 secondes? L'expérience démontre que dans la chute du corps, l'espace parcouru en 2 secondes est 4 fois plus grand que l'espace parcouru dans la première seconde; que l'espace parcouru en 3 secondes est 9 fois plus grand, en un mot que l'espace parcouru ne varie pas comme le temps, mais comme le carré du temps. Pour résoudre la question proposée, on multipliera donc l'espace donné 88 mètres, non par le rapport $\frac{5}{3}$ des temps, mais par le carré de ce rapport, ce qui fait $88 \times \frac{25}{9} = 244^m,4$ à un dixième près.

Proposons-nous encore la question suivante : Le soleil, 3 heures après son lever, est à 20 degrés au-dessus de l'horizon. A quelle hauteur sera-t-il 5 heures après son lever? La hauteur du soleil au-dessus de l'horizon ne croît pas dans le rapport du temps, puisqu'après s'être élevé jusqu'à midi, il s'abaisse ensuite du côté de l'ouest. Le calcul est beaucoup plus compliqué.

INTÉRÊTS SIMPLES.

183. Toute valeur s'appelle un *capital*; on évalue les capitaux au moyen de l'unité de monnaie, qui est le franc.

Lorsque le propriétaire d'un capital en cède la jouissance, il exige, en échange de cette jouissance, un bénéfice que l'on nomme *intérêt* ; le *taux* de l'intérêt est ce que rapporte le capital *cent francs* par an.

Pour combattre l'usure, la loi en France a fixé un maximum du taux de l'intérêt ; ce maximum est 5 pour 100 par an dans les transactions ordinaires, 6 pour 100 dans le commerce.

Ordinairement l'intérêt d'un capital se paie chaque année et constitue une *rente* annuelle.

PROBLÈME X. Quelle est la rente produite par un capital de 12648 francs, placé à 5 pour 100 par an ?

Puisque 100 fr. rapportent 5 fr. par an, le capital un franc rapportera 100 fois moins, soit $\frac{5}{100}$; *le capital 12648 fr. rapportera 12648 fois plus, soit*

$$\frac{5 \times 12648}{100} = \frac{12648 \times 5}{100} = 632^f,40.$$

PROBLÈME XI. Quelle est la rente produite par un capital de 687^f,50, placé à 4^f,25 pour 100 par an ?

Puisque 100 fr. rapportent 4^f,25 par an, un franc rapporte $\frac{4,25}{100}$. *Pour avoir l'intérêt d'un capital quelconque, il faut évidemment multiplier l'intérêt d'un franc par ce capital. Le capital 687^f,50 rapportera donc*

$$\frac{4,25 \times 687,50}{100} = \frac{687,50 \times 4,25}{100} = 29^f,22,$$

en négligeant les millièmes. Ainsi :

RAPPORTS. 175

Pour calculer l'intérêt annuel d'un capital donné, on multiplie le capital par le taux et on divise par 100.

On divisera par 100 en reculant la virgule de deux rangs vers la gauche.

PROBLÈME XII. Quel est l'intérêt de 12648 fr., placés à 5 pour 100 par an pendant 8 mois?

L'intérêt d'un an est $\frac{12648 \times 5}{100}$. *Puisque 8 mois sont les* $\frac{8}{12}$ *d'un an, l'intérêt de 8 mois sera les* $\frac{8}{12}$ *de l'intérêt d'un an, soit*

$$\frac{12648 \times 5 \times 8}{100 \times 12} = \frac{12648 \times 5 \times 2}{100 \times 3} = \frac{4216}{10} = 421^f,60.$$

On arrive au même résultat par une autre méthode, qui est souvent plus simple que la précédente :

Intérêt d'un an, $\frac{12648 \times 5}{100} = 632^f,40.$

L'intérêt de 6 mois est de $\frac{1}{2}$ de l'intérêt d'un an. . . . 316^f,20
L'intérêt de 2 mois est de $\frac{1}{3}$ de l'intérêt de six mois. . 105^f,40
L'intérêt de 8 mois est. . . . . 421^f,60.

PROBLÈME XIII. Quel est l'intérêt de 6875 fr., placés à 4^f,25 pour 100 par an pendant 90 jours?

Intérêt d'un an ou de 365 jours. . $\frac{6875 \times 4,25}{100}$,

d'un jour . . $\frac{6875 \times 4,25}{100 \times 365}$,

de 90 jours. . . $\frac{6875 \times 4,25 \times 90}{100 \times 365} = 72^f,05.$

PROBLÈME XIV. Quel est le capital qui, placé à 5 pour 100 par an, produit une rente de 854 fr.?

Pour avoir 5 fr. de rente, il faut un capital de 100 fr.; pour avoir une rente double il faut un capital double. Le capital variant dans le même rapport que la rente, on multipliera le capital 100 fr. par le rapport $\frac{854}{5}$ des rentes, ce qui donne

$$100 \times \frac{854}{5} = 17080 \text{ fr.}$$

PROBLÈME XV. Quel est le capital qui, placé à $4^f,75$ pour 100 par an, produit une rente de $342^f,60$?

On multipliera de même le capital 100 fr. par le rapport $\frac{342,60}{4,75}$ des rentes, ce qui donne

$$\frac{100 \times 342,60}{4,75} = 7212^f,63.$$

PROBLÈME XVI. Quel est le capital qui, placé à $4^f,50$ pour 100 par an, rapporte 500 fr. en 228 jours ?

Le capital 100 francs, en 228 jours, rapporte $\frac{4,50 \times 228}{365}$. Pour avoir le capital demandé, on multipliera le capital 100 francs par le rapport de l'intérêt 500 francs qu'il doit produire en 228 jours à l'intérêt de 100 fr. pendant le même temps. On a ainsi

$$\frac{100 \times 500 \times 365}{4,50 \times 228} = 17787^f,50.$$

PROBLÈME XVII. A quel taux faut-il placer un capital de 5680 francs pour qu'il produise une rente de $261^f,28$?

Chercher le taux de l'intérêt, c'est chercher ce qui rapporte 100 fr. en un an. Puisque l'intérêt varie dans le rapport du capital, on multipliera l'intérêt donné $261^f,28$ par le rapport $\frac{100}{5680}$ des capitaux, ce qui fait

$$\frac{261,28 \times 100}{5680} = \frac{2612,8}{568} = 4^f,60.$$

Il faut donc placer le capital à $4^f,60$ pour 100 par an.

PROBLÈME XVIII. Un capital de 6875 fr. a rapporté $72^f,05$ en 90 jours. A quel taux était-il placé ?

Je cherche encore ce que rapportent 100 francs en un an.

6875 fr. en 90 jours rapportent . . $72^f,05$

Id. en 365 jours . . . . . $\dfrac{72,05 \times 365}{90}$

100 fr. en un an, ... $\dfrac{72,05 \times 365 \times 100}{90 \times 6875} = 4^f,25.$

RAPPORTS.   177

PROBLÈME XIX. Pendant combien de jours faut-il placer un capital de 6875 fr. à 4ᶠ,25 pour 100 par an pour qu'il rapporte 75ᶠ,05 ?

$$6875 \text{ en un an rapportent } \frac{6875 \times 4{,}25}{100},$$

$$\text{Id. en un jour } \ldots \frac{6875 \times 4{,}25}{100 \times 365}.$$

Autant de fois l'intérêt d'un jour sera contenu dans 75ᶠ,05, autant de jours on aura. Le nombre de jours cherché est donc égal à

$$\frac{75{,}05 \times 365 \times 100}{6875 \times 4{,}25} = 90 \text{ jours.}$$

PROBLÈME XX. Trouver l'intérêt d'un capital de 12648 fr. placé à intérêt simple à 5 pour 100 par an pendant 4 ans et 140 jours.

Habituellement l'emprunteur paie chaque année l'intérêt du capital ; s'il n'en est pas ainsi, si l'emprunteur ne paie l'intérêt qu'après un certain nombre d'années, on peut calculer l'intérêt total d'après deux conventions différentes. Ou bien on convient que le capital restera le même pendant toute la durée du placement, de sorte que l'intérêt de plusieurs années égale l'intérêt d'un an répété un certain nombre de fois : c'est là ce qu'on appelle *intérêt simple*. Ou bien à la fin de chaque année on ajoute au capital les intérêts de cette année, pour former un nouveau capital produisant intérêt pendant l'année suivante. Ainsi à la fin de la première année, on ajoute au capital primitif les intérêts de cette première année, ce qui donne un nouveau capital produisant intérêt pendant la seconde année ; on ajoute à ce second capital les intérêts de la seconde année, ce qui donne un nouveau capital produisant intérêt pendant la troisième année, et ainsi de suite. De cette manière le capital augmente d'année en année : c'est là ce qu'on appelle prendre les *intérêts composés*. Nous n'avons pas à nous occuper des questions qui se rapportent aux intérêts composés ; nous nous bornerons aux intérêts simples.

Intérêt d'un an $\frac{12648 \times 5}{100} = 632,40.$

Intérêt de 4 ans $632,40 \times 4 =$ $2529^f,60$

Intérêt de 140 *jours* $\frac{632,40 \times 140}{365} =$ $242,56$

L'intérêt de 4 ans et 140 jours égale $2772,16.$

PROBLÈME XXI. Pendant combien de temps faut-il placer un capital de 12648 fr., à intérêt simple à 5 pour 100 par an, pour qu'il produise $2772^f,16$?

En un an le capital produit $\frac{12648 \times 5}{100}$. Autant de fois l'intérêt d'un an sera contenu dans 2772,16, autant d'années nous aurons.

Le temps cherché est donc
$$\frac{2772,16 \times 100}{12648 \times 5} = 4^a + \frac{24256}{63240}.$$

On trouve 4 *ans, plus une fraction d'année.*

On convertira cette fraction d'année en jours, en la multipliant par 365, *ce qui donne*
$$\frac{24256 \times 365}{63240} = 140 \text{ jours}.$$

Ainsi la durée du placement est 4 *ans et* 140 *jours.*

FORMULE GÉNÉRALE QUI FOURNIT LA SOLUTION DE TOUTES LES QUESTIONS RELATIVES AUX INTÉRÊTS SIMPLES.

184. Désignons par la lettre a le capital placé, par la lettre r l'intérêt de *un* franc en un an, c'est-à-dire le taux divisé par 100, par n la durée du placement exprimée en prenant l'année pour unité ; enfin appelons b l'intérêt produit. Puisque *un* franc produit un intérêt r en un an, le capital a francs produira un intérêt $r \times a$ ou $a \times r$ en un an; en n années, ce même capital produira un intérêt n fois plus grand, soit $a \times r \times n$; on a donc la formule suivante :

$$b = a \times r \times n.$$

Cette formule établit une liaison entre les quantités a, r, n, et b. Elle permet, quand on connaît trois quelconques d'entre elles, de calculer la quatrième. On peut donc se proposer sur les intérêts simples quatre questions différentes.

1re *Question.* Quel intérêt produit un capital donné, placé à un taux donné pendant un temps donné?

On se servira de la formule telle qu'elle est écrite plus haut. On multipliera le capital par le taux de un franc, et par la durée du placement.

Prenons comme exemple le problème XX. On fera dans la formule $a = 12648$, $r = 0,05$, $n = 4 + \frac{140}{365}$, ce qui donne $b = 12648 \times 0,05 \times (4 + \frac{140}{365}) = 2772,16$.

2e *Question.* Quel est le capital qui, placé à taux donné, produit un intérêt donné dans un temps donné?

C'est le capital a qui est la quantité inconnue; en divisant par r et par n, la formule donne

$$a = \frac{b}{r \times n}.$$

Il faudra donc diviser l'intérêt donné par le taux pour un franc et par la durée du placement.

Appliquons au problème XVI. On fera $b = 500$, $r = 0,045$, $n = \frac{228}{365}$, ce qui donne

$$a = \frac{500}{0,045 \times \frac{228}{365}} = \frac{500 \times 365}{0,045 \times 228} = 17787^f,50.$$

3e *Question.* A quel taux faut-il placer un capital donné, pour qu'en un temps donné il produise un intérêt donné?

L'inconnue est ici r. Divisant par a et par n, on aura la formule

$$r = \frac{b}{a \times n}.$$

Il faut donc diviser l'intérêt par le capital et le temps, puis multiplier le résultat par 100.

Appliquons au problème XVIII. Nous ferons $a = 6875$, $b = 72{,}05$, $n = \frac{90}{365}$; d'où

$$r = \frac{72{,}05}{6875 \times \frac{90}{375}} = \frac{72{,}05 \times 365}{6875 \times 90} = 0{,}0425.$$

Tel est l'intérêt de un franc en un an; en le multipliant par 100, on a le taux demandé 4,25.

4ᵉ *Question*. Pendant combien de temps faut-il placer un capital donné à un taux donné pour qu'il rapporte un intérêt donné?

L'inconnue est n; en divisant par a et par r, la formule s'écrira

$$n = \frac{b}{a \times r}.$$

On divisera l'intérêt par le capital et par le taux pour un franc.

Si l'on applique au problème XIX, on fera $b = 2772{,}16$, $a = 12648$, $r = 0{,}05$; d'où l'on déduit

$$n = \frac{2772{,}16}{12628 \times 0{,}05} = 4^a + \frac{24256}{63240}.$$

On convertira ensuite en jours cette fraction donnée, comme nous l'avons expliqué précédemment.

Rentes sur l'État.

185. La *dette publique* est de plusieurs sortes. Le quatre et demi *pour cent* est un titre portant un capital nominal de 100 fr., et produisant 4ᶠ,50 de rente. Le trois *pour cent* est un titre portant un capital nominal de 100 fr., et produisant 3 fr. de rente.

PROBLÈME XXII. Une personne achète du $4\frac{1}{2}$ pour cent au cours de 95 fr. A quel taux place-t-elle son argent?

RAPPORTS.

Acheter du 4 ½ pour cent au cours de 95 fr., c'est acheter pour 95 fr. une rente de 4ᶠ,50. On dira donc

Le capital 95 fr. produit une rente de 4ᶠ,50

Le capital 100 fr. . . . . . . $\dfrac{4,50 \times 100}{95} = 4^f,737.$

On place donc son argent à 4ᶠ,737 pour cent par an.

PROBLÈME XXIII. Combien coûtent 500 francs de rente 3 pour cent au cours de 70 fr ?

3 fr. de rente coûtent. . . . 70 fr.

500 . . . . $\dfrac{70 \times 500}{3} = 11666^f,67.$

PROBLÈME XXIV. Si le 4 ½ pour cent est à 95 fr., quel doit être le cours correspondant du 3 pour cent?

4ᶠ,50 *de rente coûtent.* . . . 95 fr.

3. . . . . $\dfrac{95 \times 3}{4,50} = 63^f,33.$

ESCOMPTE COMMERCIAL.

186. Dans le commerce, on appelle *billet* ou *effet* une obligation par laquelle un négociant s'engage à payer une certaine somme à une époque déterminée.

Il est clair que la valeur *actuelle* d'un billet est moindre que la somme inscrite sur le billet, laquelle n'est exigible qu'au jour de l'échéance. Lorsque le détenteur d'un billet veut l'échanger contre de l'argent comptant, il s'adresse ordinairement à un banquier, qui lui fait subir une retenue que l'on nomme *escompte*.

Le taux de l'escompte est la retenue que l'on fait subir à un billet de 100 francs payable dans un an. Ainsi, si le taux de l'escompte est de 6 pour 100 par an, le banquier fera subir à un billet de 100 francs payable dans un an une retenue de 6 francs; en échange de ce billet, il donnera donc 94 francs comptant.

PROBLÈME XXV. Escompter à 5 pour 100 par an un billet de 3780 francs payable dans 90 jours.

Escompte de 100 fr. pour un an. . . . 5 fr.

. . . de 3780 . . . . $\dfrac{5 \times 3780}{100}$.

Escompte de 3780 fr. pour 90 jours. . . $\dfrac{5 \times 3780 \times 90}{100 \times 365} = 46^f,60$

Le banquier fera subir au billet une retenue de 46^f,60 ; il donnera donc en échange du billet une somme de 3733^f,40.

RÈGLE. *Pour trouver l'escompte commercial, on opère comme si l'on calculait l'intérêt de la somme inscrite sur le billet depuis le moment actuel jusqu'à l'échéance.*

PARTAGER UNE SOMME EN PARTIES PROPORTIONNELLES A DES NOMBRES DONNÉS. — EXERCICES.

182. On dit que des nombres sont *proportionnels* à d'autres nombres, lorsque le rapport d'un nombre quelconque de la première série au nombre correspondant de la seconde série est le même. Ainsi les trois nombres 20, 30, 50, sont proportionnels aux trois nombres 2, 3, 5, puisque le rapport de 20 à 2 est le même que celui de 30 à 3 et que celui de 50 à 5. Le rapport est 10.

Soit à partager le nombre 1000 en trois parties proportionnelles aux nombres 2, 3, 5. On voit immédiatement qu'il suffit de le diviser en $2+3+5$, c'est-à-dire en 10 parties égales, puis de prendre successivement 2, 3, 5 de ces parties. La dixième partie de 1000 est 10 ; si l'on prend 2, 3, 5, de ces parties, on obtient les trois nombres demandés 20, 30, 50.

Un grand nombre de questions se rapportent au partage d'une somme en parties proportionnelles à des nombres donnés. En voici quelques exemples :

PROBLÈME XXVI. Trois négociants se sont associés : le premier a mis dans la société 12000 fr., le second 10500 fr., le troisième 7840 fr. A la fin de l'année les bénéfices s'élèvent à 6375 fr. Partager ce bénéfice proportionnellement aux mises.

Le capital social ou la somme des mises est de 30340 fr. Ce capital a produit un bénéfice de 6375 fr.; à une mise d'un franc il revient donc $\frac{6375}{30340}$. Il suffit maintenant, pour avoir la part de chaque associé, de multiplier le bénéfice d'un franc par sa mise de fonds. Ainsi :

Part du 1ᵉʳ. . . . $\frac{6375 \times 12000}{30340} = 2521^{\text{f}},42,$

— du 2ᵐᵉ. . . . $\frac{6375 \times 10500}{30340} = 2206, 25,$

— du 3ᵐᵉ. . . . $\frac{6375 \times 7840}{30340} = 1647, 33,$

$\overline{6375, 00.}$

Il se présente ici une vérification ; en additionnant les parts, on doit reproduire le bénéfice total.

PROBLÈME XXVII. Trois associés ont fait un bénéfice de 1250 fr. Le premier a mis dans la société 3000 fr. pendant 6 mois, le second 4000 fr. pendant 8 mois, et le troisième 2000 fr. pendant 10 mois. Partager le bénéfice proportionnellement au temps et au montant de chaque mise.

Le premier a mis 3000 fr. pendant 6 mois, c'est comme s'il avait mis $3000 \times 6 = 18000$ fr. pendant un mois.

Le second a mis 4000 fr. pendant 8 mois, c'est comme s'il avait mis $4000 \times 8 = 32000$ fr. pendant un mois.

Le troisième a mis 2000 fr. pendant 10 mois, c'est comme s'il avait mis $2000 \times 10 = 20000$ fr. pendant un mois.

La question est ainsi ramenée au problème précédent. On peut supposer que les trois associés aient mis dans la société, le premier 18000 fr., le second 32000, le troisième 20000, pendant le même temps : il faut répartir le bénéfice proportionnellement aux mises.

Part du 1ᵉʳ. . . . $\frac{1250 \times 18000}{70000} = 321^{\text{f}},43,$

— du 2ᵐᵉ. . . . $\frac{1250 \times 32000}{70000} = 571, 43,$

— du 3ᵐᵉ. . . . $\frac{1250 \times 20000}{70000} = 357, 14,$

$\overline{1250, 00.}$

Questions sur les mélanges et les alliages.

Problème XXVIII. On mélange 80 litres de vin à 50^c le litre avec 100 de vin à 35^c le litre. Quelle sera la valeur d'un litre de mélange ?

80 *litres du* 1er *vin valent.* . $0,50 \times 80 = 40\ fr.$
100 . . . *du* 2me . . . . . $0,35 \times 100 = 35$
180 *litres de mélange valent.* $40 + 35 = 75$
1 *litre de mélange vaut.* . $\dfrac{75}{180} = 0^f,417,$ *à un demi-millième près.*

Problème XXIX. Dans quel rapport faut-il mélanger deux vins qui valent l'un 45^c le litre, l'autre 33^c, afin d'obtenir un mélange valant 40^c le litre ?

J'écris les prix des deux vins à mélanger l'un au dessous de l'autre, et en regard à gauche le prix du mélange.

$$40 \begin{cases} 45 & \quad 7 \\ 33 & \quad 5 \end{cases}$$

Je prends la différence entre le nombre 40 *et les deux nombres* 45 *et* 33, *et j'écris les différences* 5 *et* 7 *en croix. Je dis qu'en mélangeant* 7 *litres du premier vin avec* 5 *litres du second, on formera le mélange demandé. En effet, comme on vend le mélange* 40^c, *chaque litre du premier vin que l'on introduit dans le mélange occasionne une perte de* 5^c ; *chaque litre du second vin produit au contraire un gain de* 7^c. *Si donc on mélange* 7 *litres du premier vin avec* 5 *litres du second, il y aura, d'une part, une perte* 5$\times$7, *d'autre part un gain* 7$\times$5. *La perte est égale au gain et le mélange vaut bien* 40^c *le litre.*

On indique ordinairement la composition d'un mélange par les quantités des substances mélangées qui entrent dans la composition d'une unité du mélange. En mélangeant 7 *litres du premier vin avec* 5 *litres du second, on fait* 12 *litres de mélange. Un litre de mélange est donc formé de* $\dfrac{7}{12}$ *du premier vin et de* $\dfrac{5}{12}$ *du second.*

Problème XXX. Combien faut-il mélanger de vin à 45^c le litre et de vin à 33^c pour former 150 litres de mélange à 40^c ?

RAPPORTS. 185

En appliquant la règle précédente, on trouve que, pour former un litre du mélange, il faut prendre $\frac{7}{12}$ *du premier vin et* $\frac{5}{12}$ *du second. Pour former 150 litres de mélange, il faudra prendre des quantités 150 fois plus grandes, soit*

Du 1er vin. . . . . $\frac{\times 150}{12} = 87^l,5,$

Du 2me vin. . . . . $\frac{5 \times 150}{12} = 62,5.$

PROBLÈME XXXI. Combien faut-il mélanger de vin à 45^c le litre avec 28 litres de vin à 33^c, pour en former un mélange à 40^c ?

D'après la règle pratique, on forme le mélange demandé en mélangeant 7 litres du premier avec 5 litres du second.

Avec 5 litres du second vin, il faut mettre 7 litres du premier.

Avec 28 litres du second vin. . . $\frac{7 \times 28}{5} = 39^l,2.$

PROBLÈME XXXII. Combien faut-il mettre d'eau dans 125 litres de vin à 50^c, pour que le prix du mélange s'abaisse à 42^c ?

On peut considérer l'eau comme du vin à 0^c, et alors la question se traite comme la précédente.

$$42 \begin{cases} 50 & 42 \\ 0 & 8 \end{cases}$$

Dans 42 litres de vin, il faut mettre 8 litres d'eau.

Dans 125 . . . . $\frac{8 \times 125}{42} = 23^l,8.$

PROBLÈME XXXIII. On forme le laiton en fondant ensemble 30 kilogrammes de zinc avec 70 de cuivre. Le kilogramme de cuivre valant 2^f,70, et le kilogramme de zinc 0,90 ; on demande le prix du kilogramme de laiton.

Un kil. de laiton étant composé de 0^k,7 de cuivre et de 0^k,3 de zinc,

0^k,7 de cuivre coûtent. . . . . $2,70 \times 0,7 = 1^f,89,$

0,3 de zinc. . . . . $0,90 \times 0,3 = 0,27,$

1^k de laiton coûtera . . . . $2,16.$

Problème XXXIV. Le bronze des canons et des statues est formé de 11 parties d'étain et de 100 parties de cuivre. Combien un canon pesant 1200 kil. contient-il de cuivre et d'étain ?

Problème XXXV. Le métal des cloches s'obtient en fondant ensemble 110 kilog. d'étain avec 390 de cuivre, 5 de zinc et 4 de plomb. Quels poids de ces différents métaux faut-il mettre dans le creuset pour faire une cloche pesant 5000 kil. ?

Problème XXXVI. On a fondu ensemble deux lingots d'argent ; le premier, au titre 0,92, pèse 1240 grammes ; le second, au titre 0,80, pèse 786 gr. On demande le titre du lingot ainsi obtenu.

Les lingots d'argent contiennent ordinairement une petite quantité de cuivre. On appelle *titre* du lingot la quantité d'argent pur que renferme un gramme du lingot.

Le premier lingot contient. $\quad 0,92 \times 1240 = 1140^g,80$ *d'argent pur.*
Le second. . . . . . . $\quad 0,80 \times 786 = 628, 80,$
Le nouveau pèse 2026 gr. et contient. . $\quad 1769, 60$ *d'argent.*

1 gr. du nouveau lingot contient $\dfrac{1769,60}{2026} = 0,873$, à un demi-millième près. *Tel est le titre du nouveau lingot.*

Problème XXXVII. On a deux lingots d'argent ; l'un au titre 0,95, l'autre au titre 0,76. Dans quel rapport faut-il les allier pour former un lingot au titre de 0,90 ?

On traitera cette question comme une question de mélange. On écrira les titres des deux lingots, et en regard le titre de l'alliage ; puis on prendra les deux différences que l'on écrira en croix.

$$90 \begin{cases} 95 & \quad 14 \\ 76 & \quad 5 \end{cases}$$

Il faut allier 14 gr. *du premier lingot avec* 5 gr. *du second. En effet, pour chaque gramme du premier lingot que l'on met dans le creuset, il y a un excès de 0,05 d'argent pur ; pour chaque gramme du* second lingot, il y a au contraire un déficit 0,14 d'argent pur. Si l'on allie 14 gr. du premier lingot avec 5 gr. du second, l'excès et le déficit sont égaux, et l'on obtient un nouveau lingot qui est exactement au titre 0,90.

PROBLÈME XXXVIII. Un lingot d'argent, au titre 0,94, pèse 3450 grammes. Combien faut-il ajouter de cuivre pour que le titre s'abaisse à 0,90 ?

Le lingot contient 0,94×3450=3243 gr. d'argent pur ; pour que le titre devienne 0,90, il faut que le lingot pèse $\frac{3243}{0,90}$=3603^g,33. On ajoutera donc 153^g,33 de cuivre.

PROBLÈME XXXIX. Quelle est la valeur d'un kilogramme d'argent pur, au change des monnaies ?

Le titre des monnaies est 0,90. La loi a fixé à 2 francs le prix de fabrication d'un kilogramme d'argent monnayé.

Un kilogramme d'argent monnayé ne renferme que 900 grammes d'argent pur ; ces 900 grammes valent, non pas 200 francs, puisqu'il y a 2 francs de frais de fabrication, mais 198 fr. Un kilogramme d'argent pur vaut donc $\frac{198 \times 1000}{900}$=220 fr.

PROBLÈME XL. Combien paierait-on, au change des monnaies, un vase d'argent au premier titre, pesant 475 grammes ?

La loi ne reconnaît que deux titres pour les ouvrages d'argent. Le premier titre est 0,950, le second 0,800. Elle tolère 5 millièmes d'erreur.

CHAPITRE III.

DES LOGARITHMES.

USAGE DES TABLES DE LOGARITHMES POUR ABRÉGER LES CALCULS DE MULTIPLICATION ET DE DIVISION, L'ÉLÉVATION AUX PUISSANCES ET L'EXTRACTION DES RACINES.

Propriétés des logarithmes.

188. Les tables de Lalande contiennent les logarithmes des nombres entiers de 1 à 10000. Dans la colonne intitulée *nombres*, se trouvent les nombres entiers consécutifs ; à droite des nombres, dans la colonne intitulée *logarithmes*, sont leurs logarithmes avec cinq décimales.

Les logarithmes jouissent de cette propriété fondamentale, que *le logarithme d'un produit de plusieurs facteurs est égal à la somme des logarithmes des facteurs.*

Par exemple, prenons dans la table le logarithme de 2 et celui de 3, et ajoutons-les ; nous trouvons 0,77815, qui est précisément le logarithme de 6. Ajoutons de même les logarihmes de 3 et de 5, nous trouvons 1,17609, qui est le logarithme de 15.

189. Puisque le dividende est le produit du diviseur par le quotient, le logarithme du dividende égale le logarithme du diviseur, plus le logarithme du quotient ; il en résulte que *le logarithme d'un quotient égale le logarithme du dividende, moins le logarithme du diviseur.*

Par exemple, si du logarithme de 36 nous retranchons le ogarithme de 9, nous trouvons 0,60206, qui est le logarithme de 4, quotient de 36 par 9.

190. Une puissance est le produit de plusieurs facteurs égaux ; le logarithme de ce produit égale la somme des logarithmes des facteurs, c'est-à-dire le logarithme de l'un d'eux répété autant de fois qu'il y a de facteurs. Ainsi *le logarithme de la puissance d'un nombre égale le logarithme de ce nombre multiplié par l'exposant de la puissance.*

En particulier, le logarithme du *carré* d'un nombre égale *deux fois* le logarithme du nombre. Le logarithme du *cube* égale *trois fois* le logarithme du nombre. Par exemple, si nous doublons le logarithme de 7, nous trouvons 1,69020, qui est le logarithme de 49. Si nous triplons le logarithme de 4, nous trouvons 1,80618, logarithme du nombre 64, qui est le cube de 4.

191. Extraire la racine carrée d'un nombre, c'est trouver un nombre qui, élevé au carré, reproduise le nombre proposé. Le logarithme du nombre proposé étant égal à deux fois le logarithme de sa racine carrée, il en résulte que le logarithme de la racine carrée d'un nombre est la moitié du logarithme du nombre.

De même, extraire la racine cubique d'un nombre, c'est trouver un nombre qui, élevé au cube, reproduise le nombre proposé. Le logarithme du nombre proposé étant égal à trois fois le logarithme de la racine cubique, il en résulte que le logarithme de la racine cubique d'un nombre est le tiers du logarithme du nombre.

En général, *le logarithme de la racine d'un nombre est égal au logarithme de ce nombre divisé par l'indice de la racine.*

Par exemple, si l'on divise par 2 le logarithme de 25, on trouve 0,69897, logarithme du nombre 5, qui est la racine carrée de 25. Si l'on divise par 3 le logarithme de 216, on trouve 0,77815, logarithme du nombre 6, qui est la racine cubique de 216.

192. Ces propriétés des logarithmes donnent le moyen d'effectuer très-rapidement les calculs les plus compliqués,

On *multiplie* plusieurs nombres en *ajoutant* leurs logarithmes ; on *divise* en *retranchant* du logarithme du dividende celui du diviseur ; on *élève* un nombre à une puissance en *multipliant* le logarithme du nombre par l'exposant de la puissance, enfin on *extrait* la racine d'un nombre en *divisant* le logarithme du nombre par l'indice de la racine.

Caractéristique.

193. On appelle *caractéristique* d'un logarithme les parties entières de ce logarithme.

A l'inspection des tables, on voit que les logarithmes des neuf premiers nombres ont 0 pour partie entière, ou pour caractéristique ; que les logarithmes des nombres de deux chiffres ont 1 pour caractéristique ; que les logarithmes des nombres de trois chiffres ont 2 pour caractéristique ; ceux des nombres de quatre chiffres, 3. En un mot, *la caractéristique du logarithme d'un nombre entier renferme autant d'unités qu'il y a de chiffres dans le nombre moins un.*

194. On voit aussi, à l'inspection des tables, que les puissances successives de 10, savoir : 10, 100, 1000..... ont pour logarithmes les nombres entiers consécutifs 1, 2, 3..... Supposons que l'on multiplie un nombre par une puissance de 10, telle que 1000 ; au logarithme du nombre on ajoutera le logarithme de 1000, c'est-à-dire 3 ; la partie décimale du logarithme restera la même ; et l'on ajoutera simplement 3 à la caractéristique. De même si l'on divise un nombre par 1000, il faudra du logarithme du nombre, ou simplement de la caractéristique, retrancher 3. Ainsi *pour multiplier ou pour diviser un nombre par 10, 100, 1000..... il suffit d'augmenter ou de diminuer la caractéristique du logarithme d'une, deux, trois..... unités.*

Pour effectuer les calculs par logarithmes, il faut savoir résoudre les deux questions suivantes : 1° trouver le logarithme d'un nombre donné ; 2° trouver le nombre qui correspond à un logarithme donné. Je vais traiter successivement chacune de ces deux questions.

Trouver le logarithme d'un nombre donné.

195. Lorsqu'il s'agit d'un nombre entier plus petit que 10000, on trouve immédiatement son logarithme dans les tables.

Si le nombre surpasse 10000, on le ramène à être compris entre 1000 et 10000, en le divisant par une puissance convenable de 10. Soit le nombre 46527 ; en le divisant par 10, on a le nombre décimal 4652,7 compris entre 1000 et 10000. Les tables donnent le logarithme de la partie entière 4652. A droite des logarithmes, dans une petite colonne intitulée *différences*, sont inscrites les différences qui existent entre les logarithmes consécutifs. Entre les logarithmes de 4652 et celui de 4653, on lit la différence 9, c'est-à-dire que si l'on augmentait le nombre 4652 d'une unité, il faudrait ajouter au logarithme 9 unités du cinquième ordre décimal. On admet que les accroissements du logarithme sont sensiblement proportionnels aux accroissements du nombre, au moins quand il s'agit d'accroissements peu considérables. On dira donc : Puisque pour une augmentation d'une unité dans le nombre 4652, il faut ajouter 9 au logarithme, pour une augmentation de 0,7, il faudra ajouter les 7 dixièmes de 9, c'est-à-dire 63 dixièmes ou 6 unités du cinquième ordre, en négligeant les unités plus petites. Ajoutant donc 6 au logarithme de 4652, on écrira

$$Log\ 4652,7 = 3,66770.$$

On revient au nombre proposé 46527 en multipliant par 10 le nombre décimal 4652,7 ; on ajoutera donc une unité à la caractéristique du logarithme, et l'on aura

$$Log\ 46527 = 4,66770.$$

Soit le nombre 724687. Divisant par 100, on a le nombre décimal 7246,87. On trouve dans la table le logarithme de la partie entière 7246 et en regard la différence 6. Pour une unité d'augmentation dans le nombre, il faut ajouter 6 au logarithme ; pour 0,87 d'augmentation dans le nombre, il faudra ajouter au logarithme $6 \times 0,87$ ou $0,87 \times 6$; on voit de suite que cette augmentation est de 5 unités du cinquième ordre. Ajoutant deux à la caractéristique afin de multiplier par 100, on écrira donc immédiatement.

$$Log\ 724687 = 5,86015.$$

Soit encore le nombre 132846. En divisant par 100, on a le nombre décimal 1328,46. On lira dans la table le logarithme de la partie entière 1328 et à côté la différence 32, qu'il faudra multiplier par la partie fractionnaire 0,46, ce qui donne 15. On écrira donc

$$Log\ 132846 = 5,12335.$$

196. Considérons maintenant un nombre décimal 75,64. Si l'on multiplie ce nombre par 100, on a le nombre entier 7564, dont on trouve le logarithme dans les tables ; retranchant 2 de la caractéristique, pour revenir au nombre proposé, on écrira immédiatement :

$$Log\ 75,64 = 1,87875.$$

Soit encore le nombre décimal 3,46874. Si l'on multiplie ce nombre par 1000, on aura un nombre 3468,74 compris entre 1000 et 10000. A côté du logarithme de 3468 on lit la différence 12, que l'on multiplie par 0,74, ce qui donne 9. Ajoutant 9 au logarithme de 3468 et retranchant 3 de la caractéristique, on écrira :

$$Log\ 3,46874 = 0,54017.$$

Dans la pratique, on se dispense de déplacer la virgule ; on lit dans la table le logarithme du nombre formé par les quatre premiers chiffres de gauche et on y ajoute le produit de la différence tabulaire par les deux chiffres suivants. Cette multiplication se fait à vue très-rapidement ; dans l'exemple précédent on dira : 12 fois 4 font 48 et retiens 5 ; 12 fois 7 font 84 et 5 font 89 dixièmes ou 9 unités à ajouter au logarithme. Quant à la caractéristique, on sait qu'elle contient autant d'unités qu'il y a de chiffres dans la partie entière du nombre, moins un.

Il est bon de remarquer que dans la recherche du logarithme d'un nombre, il n'y a lieu que de considérer les six premiers chiffres de gauche, les suivants, n'ayant pas d'influence sur le logarithme, peuvent être supprimés. En effet, supposons la virgule placée après le quatrième chiffre, si l'on néglige le chiffre des millièmes et les suivants, on commet sur le nombre une erreur moindre qu'un demi-centième; la plus grande différence tabulaire est 44 ; on commet donc sur le logarithme une erreur moindre que 2 dixièmes du cinquième ordre décimal.

Caractéristiques négatives.

197. En opérant comme nous l'avons dit, on obtient aisément les logarithmes de tous les nombres fractionnaires plus grands que *un*. Voici comment on obtient les logarithmes des fractions proprement dites. Supposons que l'on ait à multiplier un nombre quelconque 4567 par la fraction décimale 0,03564. Cette fraction peut s'écrire $\frac{3,564}{100}$; multiplier par cette fraction, c'est multiplier par 3,564 et diviser par 100. Il faudra donc ajouter le logarithme de 3,564, qui est 0,55194, et retrancher le logarithme de 100, c'est-à-dire 2. Le logarithme du produit sera donc égal à

$$Log\ 4567 + 0{,}55194 - 2,$$

ce qu'on écrit plus simplement

$$Log\ 4567 + \overline{2}{,}55194.$$

Le signe —, placé au-dessus du chiffre 2, indique qu'il faut retrancher 2 unités. Afin que le logarithme du produit soit toujours égal à la somme des logarithmes des facteurs, on est convenu de regarder l'expression $\overline{2},55194$ comme étant le logarithme de la fraction décimale 0,03564. Le nombre $\overline{2}$, qui tient lieu de la partie entière du logarithme et qui doit être retranché, s'appelle une caractéristique négative.

On voit que *la caractéristique négative du logarithme d'une fraction décimale est égale au rang du premier chiffre significatif après la virgule.*

Trouver le nombre qui admet un logarithme donné.

198. Trouver le nombre qui a pour logarithme 3,12335. On cherche dans la table le plus grand logarithme contenu dans le logarithme donné. C'est 3,12320 qui correspond au nombre 1328. La différence tabulaire est 32, c'est-à-dire que si l'on ajoutait 32 au logarithme, il faudrait ajouter une unité au nombre. Le logarithme donné surpasse le logarithme de 1328 de 15 ; pour savoir quelle augmentation dans le nombre résulte de cette augmentation 15 du logarithme, on divisera 15 par 32. Mais on fera cette division à vue ; 150 contient 4 fois 32 et il reste 2 ; 20 contient 6 fois 3. Puisque la différence 15 contient les 0,46 de 32, il en résulte une augmentation de 0,46 dans le nombre. Le nombre demandé est donc 1328,46.

Trouver le nombre qui a pour logarithme 0,54017. Ajoutons 3 à la caractéristique et cherchons le nombre qui a pour logarithme 3,54017. Le plus grand nombre entier dont le logarithme est contenu dans le logarithme donné est 3468 ; la différence tabulaire est 12. Le logarithme donné surpasse celui de 3468 de 9 unités du dernier ordre. Une augmentation 12 dans le logarithme produit une augmentation d'une unité dans le nombre ; pour avoir celle qui résulte de la différence 9, il faut diviser 9 par 12 ; 90 contient 7 fois 12, et il reste 6 ; 60 contient 5 fois 12 ; il faut donc ajouter 0,75 au nombre, ce qui donne 3468,75. Puisqu'on a ajouté 3 à la caractéristique, il faut diviser par 100, et l'on obtient le nombre demandé 3,46875.

DES LOGARITHMES.

Trouver le nombre qui a pour logarithme $\overline{2},84569$. Si l'on ajoute 5 à la caractéristique, elle devient égale à 3, et l'on a le logarithme 3,84569. Ce logarithme contient le logarithme de 7009, plus une différence 3. Mais la différence tabulaire est 6; il faut donc ajouter 0,5 au nombre, ce qui fait 7009,5. Comme on a ajouté 5 à la caractéristique, il faut diviser par 100000, et l'on a le nombre demandé 0,070095.

199. Il est aisé de voir que, lorsqu'on remonte des logarithmes aux nombres, on obtient les nombres avec une erreur relative égale à un *quarante millième*. Soit, par exemple, 3,00027 le logarithme donné, approché à moins d'une unité du cinquième ordre décimal. Il contient le logarithme de 1000, plus la différence 27, qui, divisée par la différence tabulaire 43, donne l'augmentation 0,64; le nombre demandé est donc 1000,64. Évaluons maintenant l'approximation. L'erreur absolue commise sur le logarithme étant moindre qu'une unité du dernier ordre, et la différence 43 dans le logarithme produisant une différence 1 dans le nombre, à l'erreur 1 commise sur le logarithme correspond une erreur absolue $\frac{1}{43}$ sur le nombre; le nombre étant plus grand que 10000, l'erreur relative est moindre que $\frac{1}{40000}$. L'erreur relative reste la même dans toutes les parties de la table.

Exercices.

1° Calculer le produit des deux nombres 237,56 et 68,432.

On cherchera les logarithmes des deux facteurs et on les ajoutera, ce qui donne le logarithme du produit; puis on cherchera dans les tables le nombre correspondant. Voici la disposition du calcul, la lettre x désignant le produit demandé :

$$Log\ 237,56 = 2,37577$$
$$Log\ \ 68,432 = 1,83526$$
$$Log\ x = 4,21103$$
$$x = 16256,7.$$

2° Calculer le produit des deux nombres 4,5678 et 0,87391.

On multipliera le second facteur par 10, afin de le rendre plus grand que l'unité, et l'on écrira

$$x = \frac{4,5678 \times 8,7391}{10},$$

d'où l'on déduit

$$Log\, x = log\, 4,5678 + log\, 8,7391 - 1.$$
$$Log\, 4,5678 = 0,65971$$
$$Log\, 8,7391 = 0,94147$$
$$Log\, x = 0,60118$$
$$x = 3,9949.$$

En ajoutant les logarithmes, on trouve 1 pour partie entière; mais comme il faut retrancher 1, il reste la caractéristique 0.

3° Calculer le produit des deux nombres 0,087952 et 0,0075326.

On multipliera le premier facteur par 100, le second par 1000, afin de les rendre plus grands que l'unité, et l'on écrira

$$x = \frac{8,7952 \times 7,5326}{100000},$$

d'où

$$Log\, x = log\, 8,7952 + log\, 7,5326 - 5.$$
$$Log\, 8,7952 = 0,94425$$
$$Log\, 7,5326 = 0,87694$$
$$Log\, x = \overline{4},82119$$
$$x = 0,00066251.$$

En ajoutant les logarithmes on trouve 1 à la partie entière; mais comme il faut retrancher 5, on a la caractéristique négative $\overline{4}$, ce qui indique que le premier chiffre significatif du nombre cherché occupe le quatrième rang après la virgule.

4° Diviser 16256,7 par 237,56.

DES LOGARITHMES.   197

Du logarithme du dividende on retranchera le logarithme du diviseur :

$$Log\ 16256,7 = 4,21103$$
$$Log\ \ \ \ 237,56 = 2,37577$$
$$Log\ x = 1,83526$$
$$x = 68,432.$$

5° Diviser 3,9919 par 0,87391.

Afin de rendre le diviseur plus grand que l'unité, on multipliera par 10 le dividende et le diviseur, ce qui ne change pas le quotient, et l'on écrira

$$x = \frac{39,919}{8,7391},$$

en désignant par x le quotient cherché; puis on opérera comme dans l'exemple précédent.

6° Diviser 42,537 par 843,62.

On multipliera les deux termes par 100, afin de rendre le dividende plus grand que le diviseur, et l'on écrira

$$x = \frac{4253,7}{843,62 \times 100},$$

d'où

$$Log\ x = log\ 4253,7 - log\ 843,62 - 2.$$
$$Log\ 4253,7 = 3,62876$$
$$Log\ \ \ 843,62 = 2,92615$$
$$Log\ x = \overline{2},70261$$
$$x = 0,050421.$$

Du logarithme de 4253,7 on a retranché celui de 843,62, ce qui donne 0 pour partie entière ; et comme il faut retrancher 2, on a mis la caractéristique négative $\overline{2}$.

7° Diviser 0,00066251 par 0,087952.

On multipliera d'abord les deux termes par 100, afin de rendre le diviseur plus grand que l'unité, ce qui donne

$$x = \frac{0,066251}{8,7952};$$

en multipliant ensuite par 1000, afin de rendre le dividende plus grand que le diviseur, et l'on écrira

$$x = \frac{66,251}{8,7952 \times 1000},$$

d'où

$$Log\, x = log\, 66,251 - log\, 8,7952 - 3.$$
$$Log\, 66,251 = 1,82119$$
$$Log\,\ 8,7952 = 0,94425$$
$$Log\, x = \overline{3},87694$$
$$x = 0,0075326.$$

8° Élever à la dixième puissance le nombre 2,4365.

Il faut pour cela multiplier par 10 le logarithme du nombre donné.

$$Log\, 2,4365 = 0,38677$$
$$Log\, x = 3,8677$$
$$x = 7374.$$

7° Élever au cube le nombre 0,41728.

On multipliera le nombre donné par 10, afin de le rendre plus grand que l'unité, et l'on écrira

$$x = \left(\frac{4,1728}{10}\right)^3 = \frac{4,1728^3}{1000},$$

d'où

$$Log\, x = 3\, log\, 4,1728 - 3.$$
$$Log\, 4,1728 = 0,62043$$
$$Log\, x = \overline{2},86129$$
$$x = 0,072658.$$

En multipliant par 3 le logarithme de 4,1728, on trouve 1 à la partie entière ; comme il faut retrancher 3, on a la caractéristique négative $\overline{2}$.

10° Élever à la cinquième puissance la fraction $\frac{20}{37}$.

On écrira

$$x = \left(\frac{20}{37}\right)^5 = \left(\frac{200}{37 \times 10}\right)^5 = \left(\frac{200}{37}\right)^5 \times \frac{1}{10^5}$$

d'où

$$Log\, x = (log\, 200 - log\, 37) \times 5 - 5;$$

d'où
$$Log\ 200 = 2,30103$$
$$Log\ 37 = 1,56821$$
$$Log\ 200 - log\ 37 = 0,73282$$
$$Log\ x = \overline{2},66410$$
$$x = 0,046146.$$

11° Extraire la racine quatrième de 2.

Il faut diviser par 4 le logarithme de 2.
$$Log\ 2 = 0,30103$$
$$Log\ x = 0,07526$$
$$x = 1,18921.$$

12° Extraire la racine carrée de la fraction 0,43512.

On rendra cette fraction plus grande que l'unité en la multipliant par une puissance de 10 qui soit un carré parfait. Il suffira dans cet exemple de multiplier par 100, et l'on écrira
$$x = \sqrt{\frac{43,512}{100}} = \frac{\sqrt{43,512}}{10},$$
d'où
$$Log\ x = \frac{log\ 43,512}{2} - 1.$$
$$Log\ 43,512 = 1,63861$$
$$Log\ x = \overline{1},81920$$
$$x = 0,65963.$$

En divisant par 2 le logarithme de 43,512, on trouve 0 pour partie entière ; comme il faut retrancher 1, on a la caractéristique négative $\overline{1}$.

13. Extraire la racine cubique de la fraction décimale 0,00072658.

On rendra cette fraction plus grande que l'unité, en la multipliant par une puissance de 10 qui soit un cube parfait, et l'on écrira
$$x = \sqrt[3]{\frac{726,58}{10^6}} = \frac{\sqrt[3]{726,58}}{100},$$

d'où

$$Log\ x = \frac{log\ 726,58}{3} - 2.$$

$$Log\ 726,58 = 2,86129$$
$$Log\ x = \overline{2},95376$$
$$x = 0,08990.$$

USAGE DE LA RÈGLE A CALCUL POUR LA MULTIPLICATION ET LA DIVISION.

La règle à calcul est un petit instrument commode et portatif, qui remplace les tables de logarithmes, lorsqu'on n'a pas besoin d'une grande exactitude.

Elle se compose de deux parties, une *règle* fixe, et une *réglette* mobile qui glisse à frottement doux dans une rainure pratiquée au milieu de la règle. Elle est ordinairement en bois et a 25 centimètres de longueur.

Sur la face principale de la règle sont marquées deux séries de divisions inégales. Considérons spécialement la ligne supérieure; en allant de gauche à droite, on lit d'abord les nombres 1, 2, 3, 4, 5, 6, 7, 8, 9, 10; les distances comptées à partir du point 1, qui est au commencement, sont proportionnelles aux logarithmes des nombres. Ainsi la distance de 1 à 2 représente le logarithme de 1, celle de 1 à 3 le logarithme de 3, et ainsi de suite; la distance de 1 à 10 représente le logarithme de 10, qui est un. Cette distance, qui occupe la moitié de la règle, a donc été prise pour unité de longueur.

L'intervalle entre deux nombres consécutifs est divisé en dix parties correspondantes aux dixièmes. Par exemple, l'intervalle entre 6 et 7 est divisé en dix parties par des traits plus petits, au-dessus desquels il faut supposer les chiffres 1, 2, 3, 4, 5, 6, 7, 8, 9 dixièmes. Ainsi la distance de l'origine 1 de la règle à la première division qui suit le nombre

6 représente le logarithme de 6,1 ; celle qui aboutit à la division suivante représente le logarithme de 6,2, et ainsi de suite. On a de cette façon les logarithmes de tous les nombres compris entre 1 et 10, de dixièmes en dixièmes.

On remarque que de 1 à 2 chaque intervalle de dixième est subdivisé en cinq parties, dont chacune correspond à deux centièmes. Ainsi la distance de l'origine à la première petite division représente le logarithme de 0,02 ; la distance à la division suivante, celui de 0,04 ; et ainsi de suite jusqu'à 1. On a de cette manière les logarithmes des nombres fractionnaires compris entre 1 et 2, de deux centièmes en deux centièmes.

Entre 2 et 3, 3 et 4, 4 et 5, l'intervalle correspondant à chaque dixième est divisé seulement en deux parties, dont chacune correspond à un demi-dixième ou à cinq centièmes. Ainsi la distance de l'origine 1 à la première petite division qui vient après 2 représente le logarithme de 2,05 ; on a ensuite le logarithme de 2,10, celui de 2,15, etc.

Au-delà de 5, c'est-à-dire de 5 à 10, les intervalles de dixièmes n'ont pas été subdivisés. Cependant il est facile d'opérer cette subdivision à l'œil approximativement.

Au-delà de 10, on lit sur la règle les nombres 20, 30, 40, 50, 60, 70, 80, 90, 100. Cette seconde moitié, qui va de 10 à 100, est exactement pareille à la première moitié qui va de 1 à 10. Car le logarithme de 20, par exemple, étant égal au logarithme de 10, plus le logarithme de 2, on a porté sur la règle, à partir de 10, le logarithme de 2, ce qui donne le logarithe de 20. On a donc dans cette seconde moitié les logarithmes des nombres considérés précédemment, multipliés par 10.

L'intervalle entre deux dizaines consécutives est divisé en dix parties qui correspondent aux unités. Ainsi, entre 60 et 70, on lira : 61, 62, 63, 64, 65, 66, 67, 68, 69.

Entre 10 et 20, chaque intervalle d'unité est subdivisé en cinq parties, dont chacune correspond à deux dixièmes.

Entre 20 et 50, chaque intervalle d'unité est subdivisé seulement en deux parties, dont chacune correspond à une demi-unité ou à cinq dixièmes.

La réglette porte à sa partie supérieure une ligne de divisions qui est la reproduction exacte des divisions de la règle; de sorte que, si l'on fait coïncider le 1 de la réglette avec celui de la règle, toutes les divisions de la réglette coïncideront avec celles de la règle.

Je vais expliquer maintenant comment on se sert de cet instrument pour effectuer les multiplications et les divisions.

Multiplication.

Voici la manière d'opérer :

Après avoir placé la virgule dans les deux facteurs, de manière que chacun d'eux ait un seul chiffre significatif à sa partie entière, lisez sur la règle le multiplicande; amenez en regard l'origine 1 de la réglette; lisez ensuite sur la réglette le multiplicateur et regardez sur la règle le nombre correspondant; vous aurez le produit demandé.

Quelques exemples feront bien comprendre ce procédé.

1° Multiplier 3 par 2. Lisez 3 sur la règle et faites glisser la réglette dans la coulisse, de manière à amener le 1 de la réglette sous le nombre 3 ; lisez ensuite 2 sur la réglette ; en regard est écrit sur la règle le nombre 6 qui est le produit demandé. Et en effet, en opérant de cette manière, au logarithme de 3 on ajoute le logarithme de 2.

2° Multiplier 8 par 5. Lisez 8 sur la règle et sous ce nombre le 1 de la réglette, puis lisez 5 sur la réglette ; en regard sur la règle est écrit le produit demandé, 40.

3° Multiplier 7 par 6. Lisez 7 sur la règle et sous ce nombre amenez le 1 de la réglette ; puis lisez 6 sur la réglette, et regardez sur la règle le nombre correspondant ; vous trouvez 42.

4° Multiplier 46 par 3. Cherchez le produit de 4,6 par 3. Lisez sur la règle 4,6 ; amenez sous cette division le 1 de la réglette ; lisez 3 sur la réglette, et regardez sur la règle le nombre correspondant ; vous trouvez 13,8. Le produit demandé est 138.

5° Multiplier 27 par 25. Cherchez le produit de 2,7 par 2,5. Lisez 2,7 sur la règle ; amenez sous cette division le 1 de la réglette ; lisez 2,5 sur la réglette, et regardez sur la règle le nombre correspondant ; la division 2,5 de la réglette ne tombe pas exactement sous une division de la règle, mais entre les deux divisions 6,7 et 6,8 et au milieu de l'intervalle ; vous avez donc 6,75, ce qui donne pour le produit demandé 675.

6° Multiplier 18 par 32. Cherchez le produit de 1,8 par 3,2. Lisez 1,8 sur la règle ; amenez sous cette division le 1 de la réglette ; lisez 3,2 sur la réglette et regardez le nombre correspondant sur la règle. La division 3,2 de la réglette tombe entre les deux divisions 5,7 et 5,8 de la règle, pas tout-à-fait au milieu, mais un peu plus près de 5,8 que de 5,7 ; divisant à vue l'intervalle en dix parties égales, on prendra 5,76, ce qui donne 576 pour le produit demandé. Il pourrait rester quelque incertitude sur le dernier chiffre ; mais on sait d'avance que ce dernier chiffre est 6, puisque 2 fois 8 font 16.

7° Multiplier 48 par 54. Cherchez le produit de 4,8 par 5,4. Lisez 4,8 sur la règle ; amenez sous cette division le 1 de la réglette ; lisez 5,4 sur la réglette et regardez le nombre correspondant sur la règle. La division 5,4 de la réglette tombe entre 25,5 et 26 sur la règle ; l'intervalle vaut ici cinq dixièmes ; divisant à vue cet intervalle en cinq parties égales, on prendra 0,4, ce qui fait 25,9 et 2590 pour le produit demandé, puisqu'il faut multiplier par 100. La règle à calcul ne donne que les trois premiers chiffres du produit qui est exactement 2592 ; ainsi l'erreur relative est moindre que $\frac{1}{1000}$.

8° Multiplier 5,63 par 2,75. Le nombre 5,63 n'est pas marqué sur la règle; on imaginera l'intervalle de 5,6 à 5,7 divisé en dix parties, et l'on amènera le 1 de la réglette à peu près au tiers de l'intervalle. On lira ensuite 2,75 sur la réglette; le trait correspondant tombe entre 15,4 et 15,6, à peu près au milieu de l'intervalle; comme l'intervalle vaut ici 0,2 dixièmes, on prendra 0,1, ce qui fait 15,5 pour le produit demandé; le produit exact est 15,4825. L'erreur absolue est ici moindre que 0,02, et par conséquent l'erreur relative est moindre que $\frac{1}{300}$.

9° Multiplier 63,8 par 0,0537. Cherchez le produit de 6,38 par 5,37. Lisez 6,38 sur la règle, en divisant à vue l'intervalle de 6,3 à 6,4 en dix parties, et amenez en regard le 1 de la réglette; lisez ensuite 5,37 sur la réglette, en divisant de la même manière à vue l'intervalle de 5,3 à 5,4 en dix parties, et regardez sur la règle le nombre qui correspond au point de la réglette où vous supposez placé 5,37. C'est à peu près 3,43. Le produit demandé est donc 0,343, à un millième près.

10° Multiplier 162,84 par 23,674. Cherchez le produit de 1,628 par 2,37; vous trouverez à peu près 3,86. Le produit demandé est donc 3860 avec trois chiffres exacts.

Il faut avoir soin, comme nous l'avons dit, de placer toujours la virgule avec le premier chiffre significatif dans les deux facteurs du produit.

Remarque. Il est bon de se rendre compte de l'approximation de l'instrument. On estime que l'erreur relative ne dépasse pas $\frac{1}{250}$.

Examinons en effet avec quelle approximation on peut lire un nombre sur la règle ou sur la réglette.

Entre 1 et 2, chaque intervalle vaut 0,02. Vers 1, les intervalles étant assez grands, l'œil parvient aisément avec l'habitude à les diviser en dix parties valant chacune 0,002, de manière à ne pas commettre une erreur plus grande que deux de ces parties; ce qui fait une erreur moindre que 0,004 ou que $\frac{4}{250}$. Vers 2, les intervalles étant à peu près moitié des précédents, on peut commettre une erreur absolue deux fois plus grande, mais l'erreur relative reste la même.

Division.

Voici la marche à suivre :

Après avoir placé les virgules de manière que le diviseur n'ait qu'un chiffre significatif à sa partie entière, et que le dividende en ait un ou deux de manière à être plus grand que le diviseur, on amène le point qui sur la réglette correspond au diviseur sous le point qui sur la règle correspond au dividende ; et on lit ensuite sur la règle le nombre qui se trouve en regard de l'origine 1 de la réglette.

1° Diviser 6 par 2. Amenez le 2 de la réglette sous le 6 de la règle ; puis lisez sur la règle le nombre qui se trouve en regard de l'origine 1 de la réglette ; vous obtenez ainsi le quotient 3. Et en effet, du logarithme de 6 compté sur la règle, on a retranché le logarithme de 2 compté sur la réglette.

2° Diviser 40 par 8. Amenez le 8 de la réglette sous le 40 de la règle, et lisez sur la règle le nombre qui se trouve en regard de l'origine 1 de la réglette ; vous obtenez le quotient 5.

3° Diviser 138 par 46. Il faudra diviser 13,8 par 4,6. Amenez la division 4,6 de la réglette sous la division 13,8 de la règle ; en regard de 1, vous trouvez le quotient 3.

4° Diviser 745 par 32. On divisera 74,5 par 3,2. Pour cela on amènera la division 3,2 de la réglette, au-dessous du point qui sur la règle correspond à 74,5, et en regard de 1 on lira sur la règle le quotient approché 23,3.

On aurait pu diviser 7,45 par 3,2.

5° Diviser 0,25486 par 18,527. On divisera 25,486 par 1,8527. Sous le point de la règle qui correspond à 25,48 (ce point est tout près de la division 25,5) on amènera le point de la réglette qui correspond à 1,853, et on lira sur la règle le nombre qui se trouve en regard de 1. C'est à peu près 13,75 ; le quotient demandé est 0,01375, mais on n'est pas sûr du dernier chiffre.

REMARQUE. On peut aussi, au moyen de la règle, effectuer à la fois, par une simple lecture, une multiplication et une division, et par conséquent multiplier tout d'un coup un nombre par le rapport de deux nombres donnés.

1° Multiplier 15 par $\frac{8}{6}$. Amenez le 6 de la réglette sous le 15 de la règle ; lisez ensuite 8 sur la réglette ; en regard sur la règle, vous trouverez le nombre cherché 20. Car en opérant ainsi, du logarithme de 15 on retranche le logarithme de 6, et on ajoute celui de 8.

2° Multiplier 13 par $\frac{28}{47}$. Amenez le nombre 47 lu sur la réglette sous le nombre 13 lu sur la règle ; lisez ensuite 28 sur la réglette et regardez sur la règle le nombre correspondant ; vous trouverez à peu près 7,74.

3° Calculer $\dfrac{954 \times 0,0875}{46,3}$. On calculera la quantité $\dfrac{9,54 \times 8,75}{4,63}$, dix fois plus grande que la précédente. Amenant 4,63 sous 9,54 et lisant sur la règle le nombre qui se trouve en regard de 8,75, on trouve à peu près 18,04. Le nombre cherché est donc 1,804. Mais on ne peut pas compter sur l'exactitude du dernier chiffre.

FIN.

TABLE DES MATIÈRES (1).

	Pages.
Leçon 1re. Numération *décimale*....................................	1
Id. 2. Addition et soustraction des nombres entiers............	11
Id. 3, 4. Multiplication des nombres entiers. — Le produit de plusieurs nombres entiers ne change pas, quand on intervertit l'ordre des facteurs. — Pour multiplier un nombre par un produit de plusieurs facteurs, il suffit de multiplier successivement par les facteurs de ce produit......	21
Id. 5, 6. Division des nombres entiers. — Pour diviser un nombre par un produit de plusieurs facteurs, il suffit de diviser successivement par les facteurs de ce produit..........	36
Id. 7. Restes de la division d'un nombre entier par 2, 3, 5, 9. — Caractères de divisibilité par chacun de ces nombres....	54
Id. 8, 9, 10. *Définition* des nombres premiers et des nombres premiers entre eux. — Trouver le plus grand commun diviseur de *deux* nombres. — Tout nombre qui divise un produit de deux facteurs, et qui est premier avec l'un des facteurs, divise l'autre........................	62
Décomposition d'un nombre en ses facteurs premiers. — En déduire le plus petit nombre divisible par des nombres donnés.	71
Id. 11, 12. Fractions ordinaires. — Une fraction ne change pas de valeur quand on multiplie ou quand on divise ses deux termes par un même nombre. — Réduction d'une fraction à sa plus simple expression. — Réduction de plusieurs fractions au même dénominateur. Plus petit dénominateur commun.......................................	78
Id. 13, 14. Opérations sur les fractions ordinaires...............	90
Id. 15, 16, 17. Nombres décimaux. — Opérations. — Comment on obtient un produit et un quotient à une unité près d'un ordre décimal donné. — Erreurs relatives correspondantes des données et du résultat......................	100
Id. 18. Réduire une fraction ordinaire en fraction décimale. — Quand le dénominateur d'une fraction irréductible contient d'autres facteurs premiers que 2 et 5, la fraction ne peut être convertie exactement en décimales, et le quotient qui se prolonge indéfiniment est périodique....	123

(1) Cette table des matières est la reproduction du programme officiel pour l'enseignement de l'arithmétique dans la classe de troisième.

TABLE DES MATIÈRES.

Pages.

Leçon 19. Étant donnée une fraction décimale périodique simple ou mixte, trouver la fraction ordinaire génératrice......... 126

Id. 20. Système des mesures légales. — Mesures de longueur. — Mètre ; ses divisions ; ses multiples. — Rapport de l'ancienne toise de six pieds au mètre. — Convertir en mètres un nombre donné de toises.................. 129

Id. 21. Mesures de superficie, de volume et de capacité.......... 132

Id. 22. Mesures de poids. — Monnaies. — Titre et poids des monnaies de France. — Tables de conversion des anciennes mesures en mesures légales........................ 137

Id. 23, 24. Formation du carré et du cube de la somme de deux nombres. — Extraction de la racine carrée d'un nombre entier. — Indication sommaire de la marche à suivre pour l'extraction de la racine cubique................ 143

Id. 25. Carré et cube d'une fraction. — Racine carrée d'une fraction ordinaire et décimale à une unité près d'un ordre décimal donné............................... 153

Id. 26. Rapports des grandeurs concrètes. — Dans une suite de rapports égaux, la somme des numérateurs et celle des dénominateurs forment un rapport égal aux premiers... 163

Id. 27, 28, 29. Notions générales sur les grandeurs qui varient dans le même rapport ou dans un rapport inverse. — Solution par la méthode dite de *réduction à l'unité*, des questions les plus simples dans lesquelles on considère de telles quantités. — Mettre en évidence les rapports des quantités de même nature qui entrent dans le résultat final, et en conclure la règle générale à suivre pour écrire immédiatement la solution demandée.................... 167

Id. 30, 31. Intérêts simples. — Formule générale qui fournit la solution de toutes les questions relatives aux intérêts simples. — De l'escompte commercial...................... 174

Id. 32. Partager une somme en parties proportionnelles à des nombres donnés. — Exercices........................ 182

Id. 33, 34, 35. *Usage* des tables de logarithmes pour abréger les calculs de multiplication et de division, l'élévation aux puissances et l'extraction des racines................ 188

Id. 36. Emploi de la *règle à calcul*, borné à la multiplication et à la division.. 200

FIN DE LA TABLE DES MATIÈRES.

Coulommiers. — Imprimerie de A. MOUSSIN.

ON TROUVE A LA MÊME LIBRAIRIE :

LEÇONS NOUVELLES D'ARITHMÉTIQUE, par M. C. Briot, professeur de mathématiques au lycée St-Louis. 2ᵉ édition, mise en rapport avec le nouveau programme de 1852. 1 vol. in-8. Prix, br.   4 »

Ouvrage autorisé.

LEÇONS NOUVELLES DE GÉOMÉTRIE ANALYTIQUE, par MM. C. Briot, et C. Bouquet, professeur de mathématiques au lycée Bonaparte. 2ᵉ édition entièrement refondue. 1 vol. in-8, figures intercalées dans le texte. Prix, br.   7 50

Ouvrage autorisé.

LEÇONS NOUVELLES DE TRIGONOMÉTRIE, par MM. Briot et Bouquet. 2ᵉ édition entièrement refondue, mise en rapport avec le nouveau programme de 1852. 1 vol. in-8, figures intercalées dans le texte. Prix, br.   2 50

Ouvrage autorisé.

LEÇONS NOUVELLES DE COSMOGRAPHIE, d'après les programmes de 1852, par M. Garcet, professeur de mathématiques au lycée Napoléon, à Paris. 1 vol. in-8, figures intercalées dans le texte et planches. Prix, br.   6 »

LEÇONS NOUVELLES DE GÉOMÉTRIE ÉLÉMENTAIRE, par M. A. Amiot, professeur de mathématiques au lycée St-Louis, à Paris. 1 vol. in-8, figures intercalées dans le texte. Prix, br.   6 »

ÉLÉMENTS DE GÉOMÉTRIE, rédigés d'après le nouveau programme de l'enseignement scientifique des lycées, par M. A. Amiot. 1 vol. in-8, figures intercalées dans le texte (1855). Prix, br.   6 »

ÉLÉMENTS DE GÉOMÉTRIE DESCRIPTIVE à l'usage des candidats aux écoles du gouvernement ; par MM. Gerono et Cassanac, professeurs de mathématiques. 2 vol. in-8, dont un de planches. Prix, broché.   6 »

COURS D'ALGÈBRE ÉLÉMENTAIRE théorique et pratique, contenant les principes du calcul algébrique jusqu'aux équations du second degré, et plus de 500 exercices et problèmes gradués et variés, à l'usage des divers établissements d'instruction publique ; par Puille, professeur de mathématiques. 1 vol. in-8. Prix.   3 50

Par la méthode que l'auteur s'est créée, par le choix des exercices et des problèmes gradués contenus dans ce traité, les *élèves arriveront promptement, simplement et sûrement au but qu'ils se proposent, et seront ainsi préparés à des études* plus approfondies.

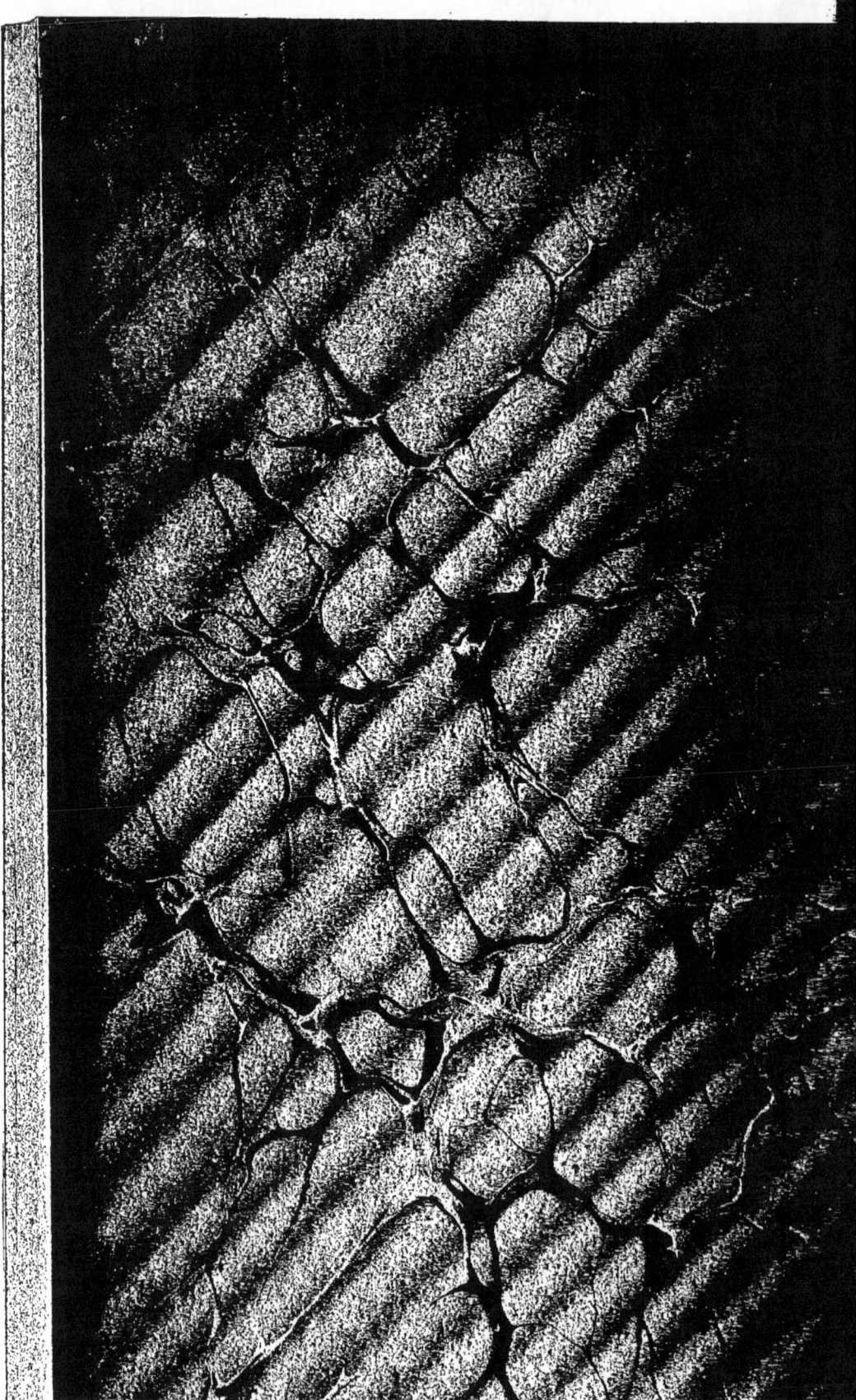

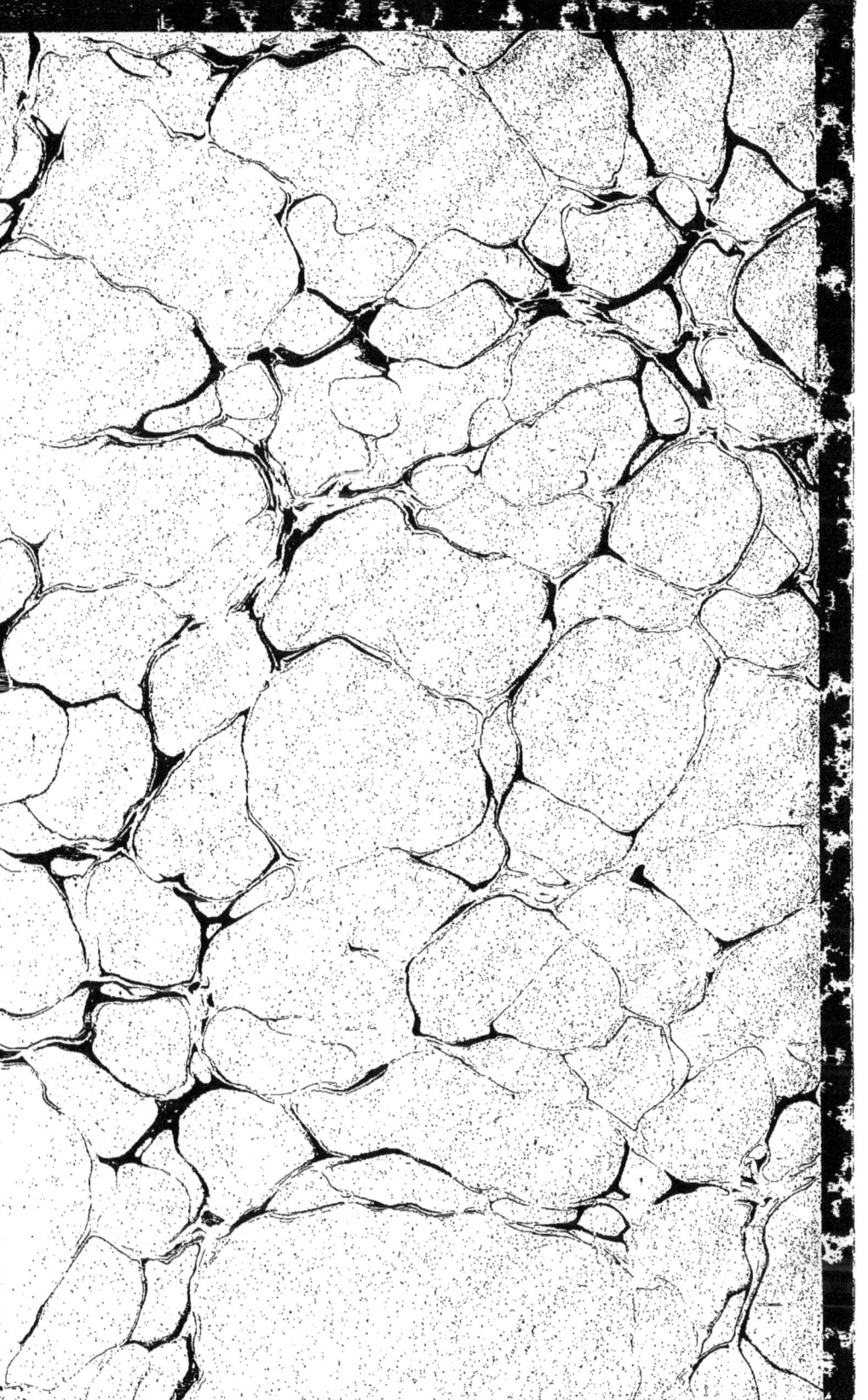

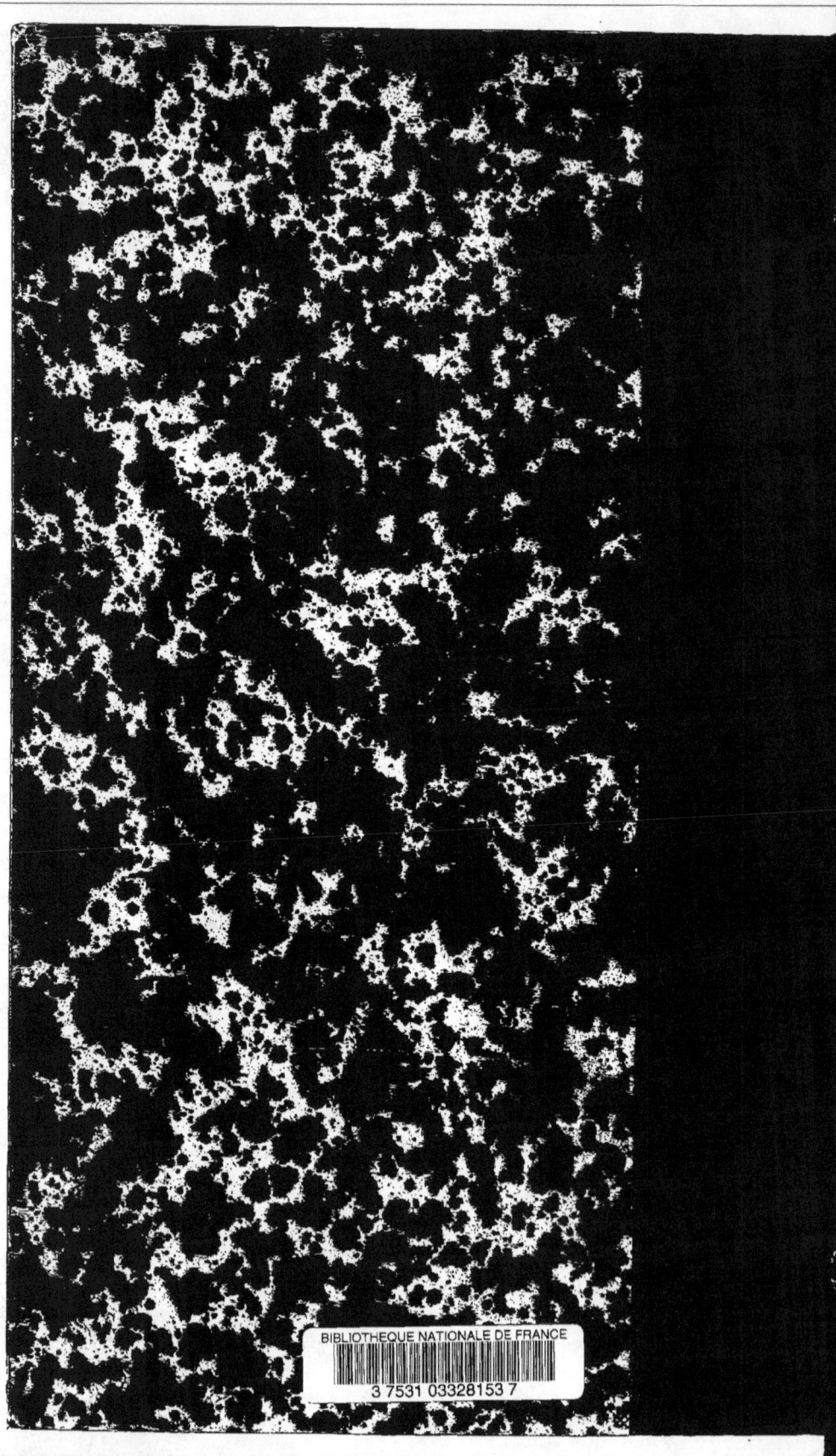

www.ingramcontent.com/pod-product-compliance
Lightning Source LLC
Chambersburg PA
CBHW051910160426
43198CB00012B/1828